W0261572

WERKSTATTBÜCHER

FÜR BETRIEBSANGESTELLTE, KONSTRUKTEURE UND FACH-ARBEITER. HERAUSGEGEBEN VON DR.-ING. H. HAAKE, HAMBURG

Jedes Heft 50—70 Seiten stark, mit zahlreichen Textabbildungen

Die Werkstattbücher behandeln das Gesamtgebiet der Werkstatts-technik in kurzen selbständigen Einzeldarstellungen: anerkannte Fachleute und tüchtige Praktiker bieten hier das Beste aus ihrem Arbeitsfeld, um ihre Fachgenossen schnell und gründlich in die Betriebspraxis einzuführen.

Die Werkstattbücher stehen wissenschaftlich und betriebstechnisch auf der Höhe, sind dabei aber im besten Sinne gemeinverständlich, so daß alle im Betrieb und auch im Büro Tätigen, vom vorwärtsstrebenden Facharbeiter bis zum leitenden Ingenieur, Nutzen aus ihnen ziehen können.

Indem die Sammlung so den Einzelnen zu fördern sucht, wird sie dem Betrieb als Ganzem nutzen und damit auch der deutschen technischen Arbeit im Wettbewrb der Völker.

Einleitung der bisher erschienenen Hefte nach Fachgebieten

I. Werkstoffe, Hilfsstoffe, Hilfsverfahren

	Heft
Der Grauguß. 3. Aufl. Von Chr. Gilles	19
Einwandfreier Formguß. 3. Aufl. Von E. Kothny (Im Druck)	30
Stahl- und Temperguß. 3. Aufl. Von E. Kothny (Im Druck)	24
Die Baustähle für den Maschinen- und Fahrzeugbau. Von K. Krekeler	75
Die Werkzeugstähle. Von H. Herbers	50
Nichteisenmetalle I (Kupfer, Messing, Bronze, Rotguß). 2. Aufl. Von R. Hinzmann	45
Nichteisenmetalle II (Leichtmetalle). 2. Aufl. Von R. Hinzmann	53
Härten und Vergüten des Stahles. 5. Aufl. Von H. Herbers	7
Die Praxis der Warmbehandlung des Stahles. 6. Aufl. Von P. Klostermann (Im Druck)	8
Elektrowärme in der Eisen- und Metallindustrie. Von O. Wundram	69
Brennhärten. 2. Aufl. Von H. W. Grönegreß	89
Die Brennstoffe. 2. Aufl. Von E. Kothny (Im Druck)	32
Öl im Betrieb. 2. Aufl. Von K. Krekeler	48
Farbspritzen. 2. Aufl. Von R. Klose	49
Anstrichstoffe und Anstrichverfahren. Von R. Klose	103
Rezepte für die Werkstatt. 5. Aufl. Von F. Spitzer	9
Furniere—Sperrholz—Schichtholz I. 2. Aufl. Von J. Bittner	76
Furniere—Sperrholz—Schichtholz II. 2. Aufl. Von L. Klotz	77

II. Spangebende Formung

Die Zerspanbarkeit der Werkstoffe. 3. Aufl. Von K. Krekeler	61
Hartmetalle in der Werkstatt. Von F. W. Leier	62
Gewindeschneiden. 5. Aufl. Von O. M. Müller	1
Wechselräderberechnung für Drehbänke. 6. Aufl. Von E. Mayer	4
Bohren. 4. Aufl. Von J. Dinnebier	15
Senken und Reiben. 4. Aufl. Von J. Dinnebier	16
Innenräumen. 3. Aufl. Von A. Schatz	26

(Fortsetzung 3. Umschlagseite)

WERKSTATTBÜCHER

FÜR BETRIEBSANGESTELLTE, KONSTRUKTEURE UND FACH-
ARBEITER. HERAUSGEBER DR.-ING. H. HAAKE, HAMBURG

HEFT 54

Der elektrische Antrieb von Werkzeugmaschinen

Von

Dipl.-Ing. H. Birett

Mülheim/Ruhr

Zweite, neubearbeitete Auflage

des vorher von **O. Weidling** verfaßten Heftes
„Der Elektromotor für die Werkzeugmaschine"
(7. bis 12. Tausend)

Mit 75 Abbildungen

Springer-Verlag Berlin Heidelberg GmbH
1951

ISBN 978-3-540-01591-8   ISBN 978-3-642-86125-3 (eBook)
DOI 10.1007/978-3-642-86125-3

Inhaltsverzeichnis.

Seite

Vorwort 3

I. Grundsätzliches über die Planung von Antrieben 3
  1. Mechanische Maßgrößen, Anlaufzeit, Bremszeit. S. 3. — 2. Elektrische Maßgrößen und Formeln. a) Gleich-, Wechsel- und Drehstrom; b) Ohmscher, kapazitiver und induktiver Widerstand; c) Die Stromaufnahme beim Anlassen. d) Das Anlassen von Drehstrommotoren. S. 6. — 3. Einfluß der Erwärmung auf die Motorleistung. a) Wärmeabfuhr durch Lüftung. b) Erwärmung beim Anlaufen. c) Dauerbetrieb und aussetzende Belastung. d) Große Schalthäufigkeit. S. 9. — 4. Drehzahl-änderung S. 13. — 5. Grundsätzliches über Schaltgeräte. a) Die Aufgabe des Schaltgerätes. b) Die mechanische Beanspruchung. c) Die elektrische Beanspruchung. d) Erwärmung der Kontakte. e) Schalthäufigkeit S. 13.

II. Der Gleichstrommotor 16
  A. Der Gleichstrom-Hauptstrommotor 17
  6. Drehzahl, Drehmoment, Drehrichtung S. 17. — 7. Anlassen S. 18. — 8. Eignung S. 18.

  B. Der Gleichstrom-Nebenschlußmotor 18
  9. Drehzahl, Drehmoment, Drehrichtung S. 19. — 10. Anlassen S. 19. — 11. Drehzahländerung. a) Drehzahländerung durch Einwirkung auf den Ankerstromkreis. b) Drehzahländerung durch Einwirkung auf den Feldstromkreis. c) Metadyne S. 20. — 12. Bremsung des Gleichstrom-Nebenschlußmotors. a) Anker-Kurzschlußbremsung. b) Nutzbremsung. c) Elektrisch-mechanische Bremsung S. 25.

III. Der Drehstrommotor 27
  A. Synchronmaschinen 27
  B. Asynchronmaschinen 27
  13. Drehzahl S. 28. — 14. Drehzahländerung. a) Polumschaltung. b) Schleifringläufer. c) Drehstrom-Kollektormotor S. 29. — 15. Frequenzumformung. a) Induktionsumformer. b) Spannungsänderung. c) Stufenlose Frequenzänderung. d) Wahl der Umformergröße S. 32. — 16. Sonstige Drehzahl-Verstellmöglichkeiten S. 35. — 17. Bremsung von Drehstrommotoren. a) Gegenstrom-Bremsung, Alni-Bremswächter. b) Bremsung mittels Gleichstrom. c) Elektrisch-mechanische Bremsung, Eldrogerät S. 36. — 18. Leistungsfaktor $\cos\varphi$ S. 38. — 19. Drehstrom-Gleichstrom-Umformung. a) Umlaufende Umformer. b) Gleichrichter S. 39. — 20. Gesteuerte Gleichrichter S. 42. — 20a. Stromrichterantrieb mit Drosselsteuerung S. 43.

IV. Der Einphasen-Wechselstrommotor 43
  21. Der Arnoumformer S. 43. — 22. Der Einphasen-Induktionsmotor S. 43.

V. Sicherheitsmaßnahmen, Hilfseinrichtungen, Störungen 44
  A. Vorschriften und Vereinbarungen, Systematik 44
  23. Das Vorschriftenbuch des Verbandes Deutscher Elektrotechniker S. 44. — 24. Die Betriebsarten S. 44. — 25. Die Schutzarten S. 45. — 26. Bauformen von Motoren S. 46.

  B. Schaltgeräte und Motorschutz 48
  C. Leitungen und Sicherungen 52
  27. Leitungswahl S. 52. — 28. Absicherung der Motoren S. 53.

  D. Betriebsstörungen 54
  29. Voraussetzung für einwandfreien Betrieb S. 54. — 30. Störungen, ihre Ursache und Abhilfe S. 54.

Vorwort.

Die Aufgabe dieses jetzt in zweiter Auflage erscheinenden, ganz neu bearbeiteten Heftes[1] besteht nicht nur darin, den Leser mit den wichtigsten Eigenschaften und Eigenheiten der verschiedenen Motoren vertraut zu machen, sondern auch darin, ihm beim Entwurf neuer Antriebsmaschinen und beim Wiederaufbau zerstörter oder aus sonstigen Gründen nicht voll einsatzfähiger Einrichtungen zu helfen. Bei der Auswahl von Motoren oder auch von Schaltgeräten ist die Kenntnis von verschiedenen Werten einerseits unerläßlich, um spätere Mängel oder gar Störungen zu verhindern, andererseits wichtig, um Überdimensionierungen und damit unnötigen Geld- und Materialaufwand zu vermeiden. Man darf bei Planungen nie vergessen, daß die Leistungsfähigkeit einer Maschine nicht nur von ihrem Antrieb, sondern auch von ihrer Konstruktion abhängt. Erst muß die höchstzulässige Beanspruchung festliegen, dann erst kann der Antrieb gewählt werden. Gewisse Grundkenntnisse aus der Mechanik und Elektrotechnik werden vorausgesetzt. Die Gleichungen sind zum Teil nur Näherungsformeln, die für die allgemeine Beurteilung genügen. Dies gilt auch für einen Teil der Kurven. Wer genaue Werte braucht, sei auf Spezialwerke verwiesen; besser wird man die Durchrechnung und Überprüfung den einschlägigen Firmen überlassen, denen allein alle Unterlagen über die Auslegung und Konstruktion des elektrischen Teiles zur Verfügung stehen.

I. Grundsätzliches über die Planung von Antrieben.

1. Mechanische Maßgrößen, Anlaufzeit, Bremszeit. Ohne die Kenntnis einer Reihe von Werten ist keine Planung im Betrieb, aber auch kein einwandfreies Angebot seitens der Elektrofirmen möglich. Je klarer die Angaben, desto eindeutiger die Berechnungsunterlagen. Das Verständnis für die wichtigsten Zusammenhänge soll nachstehend vermittelt werden.

Mit Drücken P (in t oder kg) rechnet man bei Bremsen, Pressen, mit Schnittdruck bei Scheren, mit Durchzugskraft bei Hobelmaschinen. Wird diese Kraft durch einen umlaufenden Antrieb aufgebracht, so dient zur Kraftübertragung ein Zahnrad oder eine Riemenscheibe mit dem (Teilkreis-)Halbmesser r (in cm oder m). Aus beiden Werten erhält man das Drehmoment M (in cmkg oder mkg). Bezieht man diesen Wert auf eine Zeit t (in sek oder min), so kommt man auf den Begriff der Leistung N (mkg/sek, wobei 75 mkg/sek $= 1$ PS $= 0,736$ kW sind). Ändert man die Drehzahl eines Antriebes durch eine Zahnradübersetzung u. dgl., so ändert man das Drehmoment im umgekehrten Verhältnis der Drehzahl, d. h. bei $^1/_{10}$ der Drehzahl ergibt sich das 10fache Drehmoment, aber — und das wird oft nicht beachtet! — die abgegebene Leistung bleibt, von den Übertragungsverlusten abgesehen, gleich.

Bei allen Antrieben, gleichgültig, ob es sich um hin- und hergehende oder sich drehende Teile handelt, müssen bei jedem Anlauf, bei jedem Stillsetzen oder jedem Wechsel der Bewegungsrichtung Massen M (kg) beschleunigt oder verzögert werden. Die dazu erforderliche Zeit ist kürzer oder länger, je nachdem, welche Momente für diese Arbeit zur Verfügung stehen. Man muß sich darüber klar sein,

---

[1] Die erste Auflage, von O. WEIDLING verfaßt, war 1935 unter dem Titel „Der Elektromotor für die Werkzeugmaschine'' erschienen.

daß für die Beschleunigung oder Verzögerung das verfügbare Motormoment nicht ohne weiteres eingesetzt werden darf. Bei Beschleunigung sind die Momente abzuziehen, die zur Überwindung der Reibung, des Luftwiderstandes und, wie es bei Zerkleinerungsmaschinen vorkommen kann, einer mehr oder weniger großen Belastung erforderlich sind, bei Verzögerung dagegen wirken diese Momente ebenfalls verzögernd und sind deshalb hinzuzurechnen.

Soll z. B. der Arbeitstisch einer Langhobelmaschine mit einem darauf befestigten Werkstück im Gesamtgewicht von Q_1 kg auf die Geschwindigkeit v_1 m/min beschleunigt oder umgekehrt von dieser auf 0 abgebremst werden, so ist die reine Beschleunigungs- bzw. Bremsarbeit

$$A_1 = \frac{Q_1}{g} \cdot \frac{1}{2} \cdot \left(\frac{v_1}{60}\right)^2 = \frac{Q_1 \, v_1^2}{2\,g\,60^2} \text{ mkg.} \tag{1}$$

Zwischen Arbeitstisch und Antriebsmotor sind zur Kraftübertragung Zahnräder, also Umlaufkörper angeordnet, die ebenfalls beschleunigt oder verzögert werden müssen. Hat eines dieser Zwischenglieder das Gewicht G in kg, den Schwerkreisdurchmesser D in m und soll es von 0 auf n U/min beschleunigt werden, so ist die Beschleunigungsarbeit

$$A = \frac{G}{g} \cdot \frac{1}{2} \cdot \left(\frac{D \pi n}{60}\right)^2 = \frac{G D^2 \, \pi^2 \, n^2}{2\,g\,60^2} \text{ mkg.} \tag{2}$$

Der Motor selbst hat auf Grund seiner Läuferabmessungen ein bestimmtes $G D^2$, das als bekannt angenommen werden kann. Um nun zu einem einfachen Ausdruck für die Berechnung der Beschleunigungs- bzw. Bremszeit zu gelangen, müssen alle zu beschleunigenden oder zu bremsenden Massen, letztere als negative Werte, so umgerechnet werden, als würde es sich um Schwungmassen handeln, die auf der Motorwelle sitzen und sich mit dieser drehen. Die von der Last aufgenommene Beschleunigungsarbeit A_1 wirkt auf den Antrieb bremsend. Da zur Überwindung dieser Bremswirkung eine Beschleunigungsarbeit A_1 erforderlich ist, kann man in Gedanken auf der Motorwelle eine Schwungmasse $(G_1 \, D_1^2)$ anbringen, welche dieselbe Beschleunigungsarbeit A_1 erfordert, wenn sie von 0 bis n_{Motor} U/min beschleunigt bzw. umgekehrt verzögert wird und beide Werte gleichsetzen:

$$\frac{G_1 \, D_1^2 \, \pi^2 \, n^2_{Motor}}{2\,g\,60^2} = \frac{Q_1 \, v_1^2}{2\,g\,60^2} \qquad \text{oder} \qquad G_1 D_1^2 = G D_{red}^2 = Q_1 \left(\frac{v_1}{\pi \, n_{Motor}}\right)^2. \tag{3}$$

Bei den umlaufenden Teilen treten meist auch verschiedene Drehzahlen auf. Um auf eine einheitliche Gleichung zu kommen, rechnet man die einzelnen $G D^2$ so um, als würde nur die Motordrehzahl vorhanden sein. Es verhält sich dabei nach Gl. (2) das ursprüngliche $G D^2$ zum sog. reduzierten, wie das Quadrat der Motordrehzahl zu dem der ursprünglichen

$$G D_{red}^2 = G D^2 \left(\frac{n_1}{n_{Motor}}\right)^2. \tag{4}$$

Die Summe aller reduzierten $G D^2$ einschließlich dem des Motors ergibt das Gesamtschwungmoment $\Sigma G D^2$ bezogen auf die Motorwelle in kgm², das vom Motor zu beschleunigen oder zu verzögern ist. Der Motor muß dabei ein Moment $M_1 = P_1 r_1$ (kgm) t_1 Sekunden hindurch aufbringen, damit sich die Motordrehzahl von 0 auf n_1 U/min erhöht. Die mittlere Drehzahl ist dann $\frac{n_1 + 0}{2}$ U/min, die Beschleunigungsarbeit $A_b = M_1 \, 2\pi \, \frac{n_1 + 0}{2} \, \frac{t_1}{60}$ mkg.

Diese Arbeit muß der von den bewegten Massen aufgenommenen Arbeit gleich sein

$$M_1\, 2\pi\, \frac{n_1+0}{2}\, \frac{t_1}{60} = \frac{\Sigma G D^2\, \pi^2\, (n_1^2-0)}{2\,g\,60^2}\;;\qquad \frac{\pi}{2\,g\,60} \approx \frac{1}{375}\;;\qquad (n_1^2-0)=(n_1+0)(n_1-0).$$

Daraus ergibt sich

$$t_1 = \frac{\Sigma G D^2}{375}\cdot\frac{(n_1-0)}{M_1}\ \ \text{sek.} \tag{5}$$

Würde ein Moment M_2 zur Beschleunigung von n_1 auf n_2 U/min verfügbar sein, ändern sich die Gleichungen in

$$M_2\, 2\pi\, \frac{n_2+n_1}{2}\, \frac{t_2}{60} = \frac{\Sigma G D^2\, \pi^2\, (n_2^2-n_1^2)}{2\,g\,60^2}\;;\qquad n_2^2-n_1^2=(n_2+n_1)(n_2-n_1);$$

also

$$t_2 = \frac{\Sigma G D^2}{375}\cdot\frac{n_2-n_1}{M_2}\ \ \text{sek.}$$

Aus diesen Überlegungen heraus kann für den Fall, daß für einzelne Drehzahlbereiche verschiedene Momente verfügbar sind, eine allgemeine Gleichung aufgestellt werden

$$t = \frac{\Sigma G D^2}{375}\left(\frac{n_1-0}{M_1} + \frac{n_2-n_1}{M_2} + \cdots\right), \tag{6}$$

wobei

$$\Sigma G D^2 = G D^2_{Motor} + G_1 D_1^2\left(\frac{n_1}{n_{Motor}}\right)^2 + \cdots + G_x D_x^2\left(\frac{n_x}{n_{Motor}}\right)^2 + Q_1\left(\frac{v_1}{\pi\,n_{Motor}}\right)^2$$

und das jeweilige Moment $M = $ Motormoment $M_{Motor} - $ Gegenmoment M_g.

In Abb. 1 ist das Motormoment M und das während des Hochlaufes auftretende Gegenmoment M_g angegeben. Beide Linien verlaufen ungefähr parallel, so daß man, besonders wenn die Hochlaufzeit nur angenähert bestimmt zu werden braucht, mit hinreichender Genauigkeit das Beschleunigungsmoment $M_b = M - M_g$ als Mittelwert setzen kann. Weichen die Kurven stärker voneinander ab oder wird eine größere Genauigkeit verlangt,

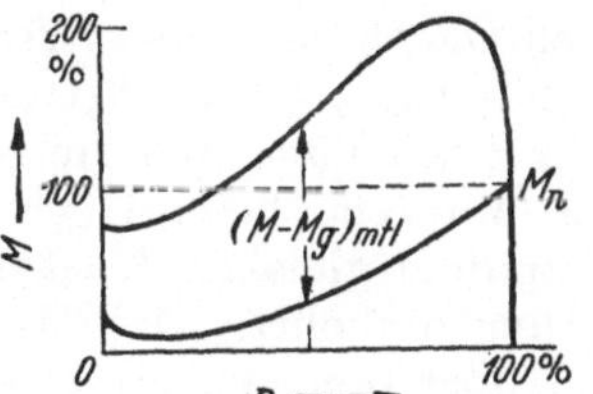

Abb. 1. Momentenlinien, angenähert gleiches Beschleunigungsmoment M_b aus Motormoment M und Gegenmoment M_g

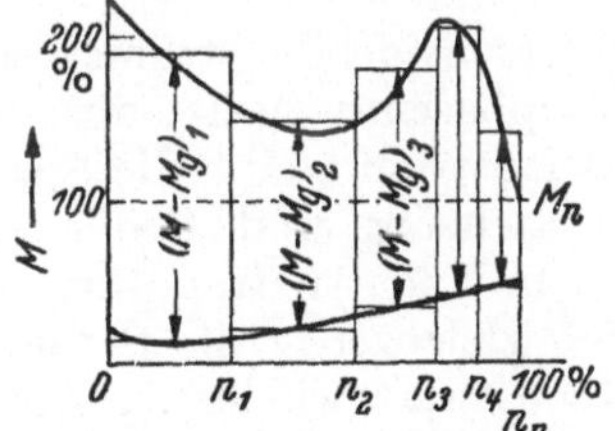

Abb. 2. Momentenlinien, veränderliches Beschleunigungsmoment.

so kann man die Fläche mittels eines mm-Papieres auszählen oder man unterteilt die Fläche entsprechend Abb. 2 in einzelne Abschnitte, berechnet für jedes Teilstück die Einzelwerte und zählt diese dann zusammen:

$$t_1 = \frac{\Sigma G D^2}{375}\,\frac{n_1-0}{M_1-M_{g1}}\;;\qquad t_2 = \frac{\Sigma G D^2}{375}\,\frac{n_2-n_1}{M_2-M_{g2}}\qquad \text{usw.}\qquad t_a = t_1 + t_2 + \cdots$$

An Stelle des rechnerischen Verfahrens kann man die Hochlaufzeit gemäß Abb. 3 auch zeichnerisch feststellen. Mit Hilfe der Kurven M und M_g zeichnet man zuerst die Kurve M_b und trägt dann noch das Normalmoment M_n des Motors ein. Gl. (5) besagt, daß das Verhältnis von Beschleunigungsmoment zu Schwungmoment das gleiche ist, wie das von der Drehzahl zu der Zeit, die nötig war, diese Drehzahl zu erreichen. Zieht man in Abb. 3 parallel zu $\overline{OA}$ durch O_1 eine Gerade, auf der man die aus der linken Bildhälfte zu entnehmenden einzelnen Werte M_b aufträgt, so ist es nur eine Frage des Maßstabes, um statt

$$\frac{M_b}{\frac{1}{375}\,G\,D^2} = \frac{n}{t} \qquad \frac{\overline{O_1 P_1}}{\overline{O O_1}} = \frac{\overline{t_1 C_1}}{\overline{O_1 t_1}}$$

setzen zu können. Zieht man parallel zu $\overline{OP_1}$ durch O_1 eine Gerade, so ist vom Schnittpunkt C_1 derselben mit der Linie n_1 ein Lot auf die Grundlinie zu fällen. Die Strecke $\overline{O_1 t_1}$ gibt dann die Zeit an, welche erforderlich ist, um die Drehzahl n_1 zu erreichen. Von dem vorerwähnten Schnittpunkt wird dann eine Parallele zu $\overline{OP_2}$ gezogen, bis sie die Linie n_2 in C_2 schneidet usf. Auf diese Weise erhält man schließlich mit $\overline{O_1 t_a}$ die gesamte Anlaufzeit. $\overline{O_1 P_1}$ entspricht dabei M_{b1}, usw. Wie man die Linien n_1 usw. erhält, geht aus der Zeichnung selbst hervor. Die Größe $\overline{O O_1}$ muß entsprechend Gl. (5) und den bisherigen Ausführungen dem Faktor

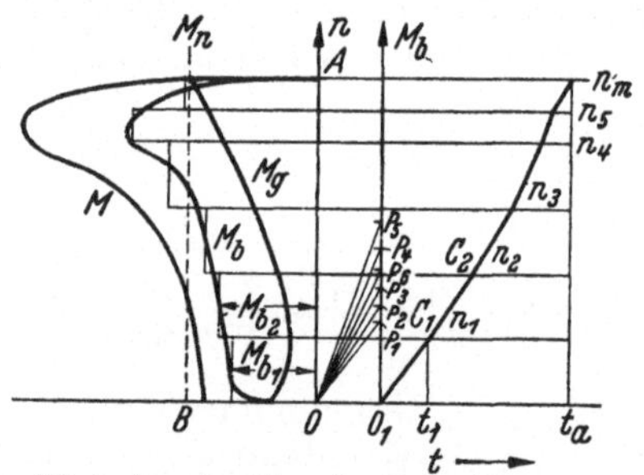

$\frac{G D^2}{375}\,\mu_t$ entsprechen, wobei μ_t der gewählte Zeitmaßstab ist. Die allgemeine Gleichung lautet dann

$$\overline{O O_1} = \frac{G D^2}{375} \cdot \frac{n_n}{\overline{OA}} \cdot \frac{\overline{OB}}{M_n} \cdot \mu_t\,.$$

Setzt man $\overline{OA} = n_n$ und $\overline{OB} = M_n$, erkennt man die Richtigkeit dieser Annahme.

Abb. 3. Konstruktion der Drehzahlkurve zur Ermittlung der Anlaufzeiten.

2. Elektrische Maßgrößen und Formeln.

a) G l e i c h s t r o m , W e c h s e l s t r o m , D r e h s t r o m . In elektrischen Anlagen verwendet man zwei voneinander streng zu unterscheidende Stromarten, den Gleich- und den Wechselstrom, der meist als Dreiphasenwechsel- oder, wie man sagt, als Drehstrom gebräuchlich ist. Beim Gleichstrom bleibt die Spannung U (in Volt) und die Stromstärke I (in Ampere) in Richtung und Größe gleich, während beim Wechselstrom beide Werte von einem Höchstbetrag über Null zu dem gleichen Höchstbetrag anwachsen, wobei sich gleichzeitig die Stromrichtung umkehrt. Den Wechsel von Null über einen Höchstwert wieder zu Null und über den anderen Höchstwert nochmals zurück zu Null bezeichnet man als eine Periode. Bei den in Deutschland vorhandenen Netzen findet dieser Wechsel 50 mal in der Sekunde statt. Man spricht in diesem Fall von einem 50-periodigen Netz (50 Hertz).

Bleibt Spannung und Strom, wie bei Gleichstrom, unverändert, so ergibt sich die Leistung zu

$$N = U \cdot I \text{ (in Watt oder kW} = 1000 \text{ Watt).} \tag{7}$$

Bei Wechselstrom können Strom und Spannung gleichzeitig ihren Höchstwert erreichen, sie sind dann in Phase. Die Leistung ist dann:

$$\left.\begin{aligned}
N_E &= UI & \text{bei} & \quad \text{Einphasenstrom}\\
N_Z &= \sqrt{2}\,UI & \text{,,} & \quad \text{Zweiphasenstrom}\\
N_D &= \sqrt{3}\,UI & \text{,,} & \quad \text{Dreiphasenstrom.}
\end{aligned}\right\} \tag{7a}$$

Wird in den Stromkreis eine Kapazität, d. h. ein als Kondensator wirkender Stromverbraucher oder eine Induktivität, d. h. ein als Drossel wirkender eingeschaltet, so eilt der Strom gegenüber der Spannung im ersten Falle vor, im zweiten nach. Im sog. Vektordiagramm wird diese Abweichung mit dem Winkel φ

bezeichnet. Er ist in den Leistungsgleichungen als $\cos \varphi$ oder Leistungsfaktor bekannt. Liegt in einem Stromkreis eine Induktivität, so daß $\cos \varphi < 1$, und wird zur Verbesserung des Leistungsfaktors ein Kondensator zugeschaltet, dessen Kapazität so groß ist, daß das Nacheilen des Stromes wieder ausgeglichen wird, so wird trotz Vorhandenseins einer Induktivität infolge des Einflusses der Kapazität der $\cos \varphi = 1$. Die Gl. (7a) gehen bei Berücksichtigung des $\cos \varphi$ über in:

$$\left. \begin{aligned} N_E &= \phantom{\sqrt{2}}UI \cos \varphi \\ N_Z &= \sqrt{2}\,UI \cos \varphi \\ N_D &= \sqrt{3}\,UI \cos \varphi \end{aligned} \right\} \tag{7b}$$

Als verfügbare Leistung kommt nur die *Wirkleistung* nach Gl. (7b) mit $I \cos \varphi$ in Betracht, für die Belastung der Leitungen, Schalter und Stromerzeuger ist jedoch die *Scheinleistung* nach Gl. (7a) maßgebend. Setzt man in Gl. (7b) statt des $\cos \varphi$ den $\sin \varphi$ ein, so erhält man die *Blindleistung*. Eine Reihe von Stromlieferanten tragen der Wichtigkeit des Blindstromes hinsichtlich der Belastung ihrer Einrichtungen durch einen besonderen $\cos \varphi$-Tarif Rechnung (vgl. Abschn. 18).

b) Ohmscher, kapazitiver und induktiver Widerstand. Fließt durch einen Draht Strom, so treten dabei Verluste auf, die von der Drahtlänge l in m, dem Querschnitt q in mm² und dem spezifischen Leitungswiderstand ϱ [1] abhängen. Die Ursache disser Verluste bezeichnet man als *Ohmschen Widerstand*, der sich aus

$$R = \varrho \, \frac{l}{q} \tag{8}$$

in Ohm errechnet. Sehr wichtig ist die Abhängigkeit zwischen Spannung, Stromstärke und Widerstand, die durch die Gleichung

$$U = I \cdot R \tag{9}$$

zum Ausdruck gebracht wird (*Ohmsches Gesetz*). Schaltet man nun in die Leitung einen Kondensator, so stellt dieser einen kapazitiven Widerstand dar, dessen Kapazität C in Farad F oder Mikrofarad MF ($1\,\mathrm{F} = 10^6\,\mathrm{MF}$) ausgedrückt wird:

$$C = \frac{\varepsilon \cdot F}{36\,\pi\,\delta\,10^{11}} \text{ in Farad.} \tag{10}$$

Das F in der Gleichung gibt die Fläche des Kondensators in cm², δ den Abstand der Metallflächen in cm und ε eine Konstante an, die je nach dem zwischen den Metallflächen befindlichen Isoliermaterial verschieden ist. Der *kapazitive Widerstand R_C* errechnet sich daraus zu

$$R_C = \frac{1}{2\,\pi f C} \text{ in Ohm.} \tag{10a}$$

Wie man daraus sieht, ist dieser Widerstand außer von der Größe der Kapazität auch noch von der Frequenz f des Stromes abhängig. Je höher die Frequenz, um so kleiner der Widerstand, andererseits ergibt die Frequenz Null (Gleichstrom!) einen unendlich hohen Widerstand, d. h. ein Kondensator sperrt den Durchgang von Gleichstrom.

Schaltet man nun in einen Stromkreis eine Drossel, so beträgt ihre Induktivität L, die einen induktiven Widerstand R_L (in Ohm) zur Folge hat,

$$L = \frac{0,4\,\pi\,w^2\,F}{l\,10^8} \text{ in Henry (H).} \tag{11}$$

---

[1] Werte für ϱ: Kupfer $1/56$, Stahl $1/7 - 1/8$, Chrom-Nickelstahl $\sim 1,0$, Aluminium $1/33$, Nickelin $\sim 0,4$, Kohle $35 - 100$.

Es gibt dabei w die Zahl der Windungen, F den Eisenquerschnitt in cm², l den Luftspalt in cm an. Der *induktive Widerstand* errechnet sich daraus zu

$$R_L = 2\pi f L \text{ in Ohm.} \tag{11a}$$

Hier tritt die Frequenz neben der Induktivität in Erscheinung, jedoch wächst der induktive Widerstand mit der Frequenz, ist bei $f = 0$ (Gleichstrom) Null, dagegen bei hohen Frequenzen sehr hoch. Man kann also Induktivitäten dazu benutzen, den Durchgang von Wechselstrom durch Leitungen zu erschweren bzw. praktisch zu unterbinden. Kommen im gleichen Stromkreis Ohmsche, kapazitive und induktive Widerstände vor, dann gilt für den Gesamtwiderstand dieses Stromkreises die allgemeine Widerstandsgleichung

$$R = R_\Omega + R_C + R_L. \tag{12}$$

c) **Die Stromaufnahme beim Anlassen.** Im Betrieb nimmt ein Motor bei gegebener Spannung den Strom auf, der durch die Belastung, bzw. durch das Gegenmoment bedingt ist. Im Augenblick des Einschaltens ist noch kein Gegenmoment vorhanden, so daß nur der Ohmsche Widerstand eine Rolle spielt. Dieser Widerstand ist jedoch im allgemeinen sehr klein, so daß sich aus Gl. (9) ein sehr hoher Einschaltstrom ergibt, der bei der sog. direkten Einschaltung Werte annehmen kann, die zur Zerstörung des Motors oder wenigstens von Teilen desselben führen können. Man ist daher gezwungen, z. B. bei Gleichstrommotoren vor den Anker beim Einschalten Widerstände zu legen, um den Einschaltstrom zu begrenzen. Diese Widerstände werden dann stufenweise abgeschaltet. Da dem Nennstrom I_n das Nennmoment M_n entspricht, hat man hierdurch gleichzeitig die Möglichkeit, die Größe des Anzugs- bzw. des Hochlaufmomentes zu bestimmen. Bezeichnet man den Ankerwiderstand eines Gleichstrommotors mit R_a, den Anlaßwiderstand mit $R_1 = r_1 + r_2 + r_3 + \cdots$, wobei mit r die einzelnen Widerstandsstufen hinsichtlich ihres Ohmwertes zu verstehen sind, so ergibt sich der Anlaßstrom zu $I_1 = \dfrac{U}{R_a + R_1}$, das Anlaufmoment zu $M_a = M_n \dfrac{I_1}{I_n}$. Die einzelnen Anlaßwiderstände errechnen sich dann bei beispielsweise n-Stufen zu

$$r_1 = \sqrt[n]{\frac{R_1}{R_a}} - 1 \cdot R_a; \quad r_2 = \sqrt[n]{\frac{R_1}{R_a}} \cdot r_1; \ \ldots \ r_n = \sqrt[n]{\frac{R_1}{R_a}} \cdot r_{n-1}.$$

Der Anlauf erfolgt erst beim Schalten auf Stufe r_{n-1}, so daß evtl. die Stufe r_n fortfallen kann. Benützt man den Anlasser zur Änderung der Betriebsdrehzahl oder läßt man die letzte Stufe als Schlupfwiderstand dauernd eingeschaltet, so ergibt sich unter der Voraussetzung, daß die Belastung und damit der Strom gleichbleibt,

bei abgeschaltetem Widerstand: $U - IR_a = E_1$ bei n_1

„ eingeschaltetem   „   : $U - IR_x = E_x$ bei n_x.

Es ist dann
$$n_x = n_1 \cdot \frac{E_x}{E_1}$$

Aus diesen Gleichungen ersieht man, daß der Strom oder mit anderen Worten die Belastung eine Rolle spielt. Je kleiner die Belastung, um so geringer der Einfluß des vorgeschalteten Widerstandes. Bei unbelastetem Motor kann n_x unabhängig von der Größe des Vorschaltwiderstandes annähernd n_1 gleichgesetzt werden.

d) **Das Anlassen von Drehstrommotoren.** Beim Drehstrom-Schleifringläufermotor liegen die Verhältnisse analog. Der Phasenwiderstand des Läufers sei mit R_{ph} bezeichnet, die Läuferstillstandsspannung mit u und der

Läuferstrom mit i. Bei 5 Anlaßstufen errechnen sich die Widerstände der einzelnen Stufen zu

$$r_1 = \sqrt[5]{\frac{R_1}{R_{ph}}} - 1 \cdot R_{ph}\,; \qquad r_2 = \sqrt[5]{\frac{R_1}{R_{ph}}} \cdot r_1\,; \ldots r_5 = \sqrt[5]{\frac{R_1}{R_{ph}}} \cdot r_4\,.$$

Ist der Motor beim Anlauf nicht oder nur schwach belastet, muß gegebenenfalls eine Vorstufe vorgesehen werden. Im übrigen gilt dasselbe wie beim Gleichstrommotor.

Beim Drehstrom-Kurzschlußläufermotor fehlt die Möglichkeit, während des Hochlaufes Widerstände in den Läuferstromkreis zu schalten. Der Einschaltstrom kann daher nur durch Herabsetzen der Klemmenspannung verringert werden. Das einfachste Mittel besteht darin, einen Motor zu verwenden, dessen Ständerwicklung betriebsmäßig in Dreieck, beim Einschalten in Stern geschaltet ist. In der Sternschaltung könnte der Motor an eine um $\sqrt{3}$ höhere Spannung gelegt werden, d. h. anders ausgedrückt, er ist an eine um $\sqrt{3}$ niedrigere Spannung angeschlossen und nimmt demnach auch einen entsprechend niedrigeren Strom auf.

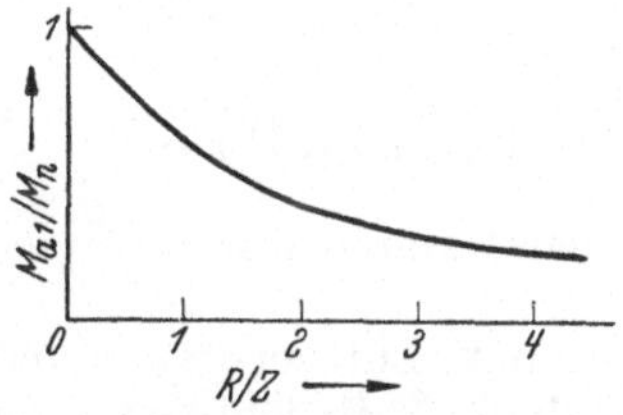

Da die Stromaufnahme ein Maß für das verfügbare Drehmoment ist, ergibt sich aus einer Herabsetzung des Stromes eine ebenso große des Momentes, man kann

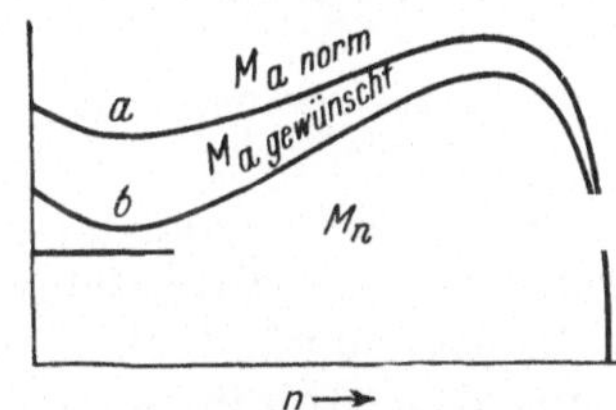

Abb. 4. Ohmwertermittlung für einphasigen Ständerwiderstand.

Abb. 5. Drehmomentkennlinien eines Käfigläufermotors. *a* ohne VW; *b* mit VW.

also auch da, wo das verfügbare Moment begrenzt werden soll, dies durch eine entsprechende Strombegrenzung erzwingen. Ein bekanntes Mittel ist die Einschaltung eines einphasigen Widerstandes in den Ständerstromkreis. In Abb. 4 bedeutet M_{a1} das gewünschte Anlaufmoment, M_n das Normalmoment, R den Vorwiderstand und $Z = \dfrac{U}{\sqrt{3}\,I_a}$, wobei I_a der Einschaltstrom ist. In Abb. 5 zeigt die Kurve *a* das Normalmoment, die Kurve *b* das Moment bei vorgeschaltetem Widerstand.

3. Einfluß der Erwärmung auf die Motorleistung. a) W ä r m e a b f u h r d u r c h L ü f t u n g. Es erscheint vielleicht wunderlich, daß der Erwärmung ein eigener Abschnitt gewidmet ist, doch zeigt die Erfahrung immer wieder, welche Schwierigkeiten auftreten, wenn hier Fehler gemacht werden. Es sind zwei Fälle zu unterscheiden, die Entstehung von Wärme im Motor selbst und die von außen einwirkende. In den Vorschriften über die Errichtung von Starkstromanlagen VES, VDE 0100/VIII und REM/VDS 0530 ist festgelegt, welche Erwärmung ein Motor bei Belastung annehmen darf. Bei der Erwärmung spielt die Wärmeabfuhr eine große Rolle, weshalb die Motoren im allgemeinen belüftet werden. Am bekanntesten ist die *Durchzugsbelüftung* (Abb. 6), bei welcher die Luft auf der einen Motorseite ein- und auf der anderen wieder austritt, die *Wickelkopfkühlung* (Abb. 7), bei welcher die Luft an den Wickelköpfen ein- und an der Motormitte austritt, und die *Außenbelüftung* (Abb. 8), bei welcher mit Rücksicht auf Staub oder Feuchtigkeit das Motorinnere vollkommen abgeschlossen ist und die Kühlluft nur an dem Motorgehäuse entlang strömt. In Sonderfällen verzichtet man auf jede Belüftung, muß dann allerdings auch eine entsprechend geringere Leistung in Kauf nehmen, oder aber man bringt, besonders bei großen Drehzahländerungen eine *Fremdbelüftung* an. Wechselt nämlich eine Motordrehzahl in weiten Grenzen, so wird der Lüfter bei der untersten Drehzahl ungenügend Luft fördern, während bei den höheren Drehzahlen das Gegenteil eintritt und damit ein unnötiger Kraftverbrauch. Diese Nachteile lassen sich vermeiden, wenn eine Fremdbelüftung vorgesehen wird. Diese Belüftungsart ist auch da von Vorteil, wo Motoren in sehr staubigen oder sehr warmen oder mit explosiven Gasen gefüllten Räumen untergebracht sind. Falls das Vorschalten von Filtern oder Kühlern direkt vor die Lufteintrittsöffnungen nicht möglich ist, wird die

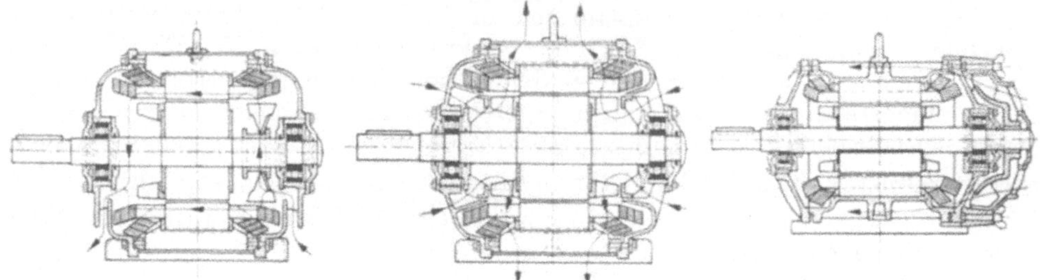

Abb. 6. Motor mit Durchzugs-belüftung, Schutzart *P 12*

Abb. 7. Motor mit Wickelkopf-kühlung, Schutzart *P 11*.

Abb. 8. Motor mit Außenbelüftung, Schutzart *P 33*.

Kühlluft mittels besonderer Ventilatoren in einwandfreiem Zustand angesaugt und dann dem Motor zugeführt.

Es ist verständlich, daß für den Luftverbrauch nicht nur die Umgebungstemperatur (Abb. 9), sondern auch die Luftdichte oder, was auf das gleiche hinausläuft, die Höhenlage (Abb. 10) maßgebend ist. Mit steigender Raumtemperatur oder zunehmender Höhenlage muß entsprechend den Kurven in den Abb. 9 u. 10 die Motorbelastung herabgesetzt werden, um eine unzulässige Erwärmung zu vermeiden. Auch dann muß die Motorbelastung vermindert werden, wenn die Motortemperatur mit Rücksicht auf Luftbeimischungen, wie Benzindämpfe u. dgl.

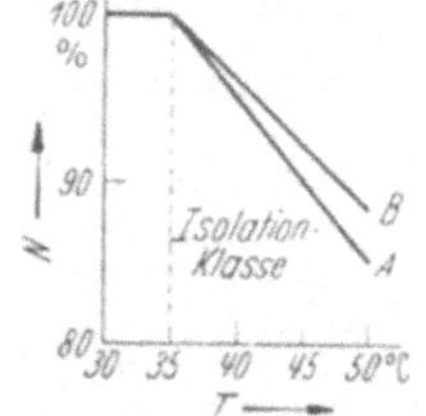

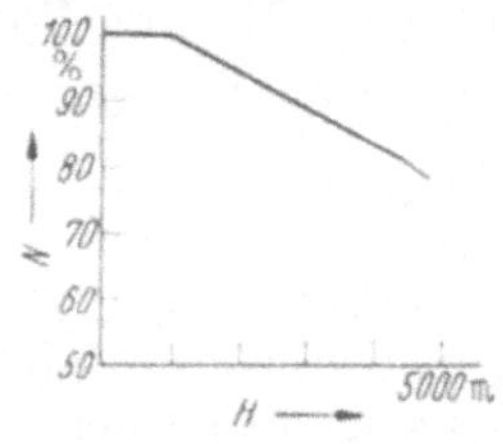

so niedrig sein muß, daß keine Explosionsgefahr auftreten kann. Hierfür gibt es besondere Vorschriften.

b) **Erwärmung beim Anlaufen.** Wird ein Motor eingeschaltet, so nimmt er Strom auf, wobei die elektrischen Verluste Erwärmung verursachen. Wird der Motor wieder abgeschaltet, so kann er sich wieder abkühlen. Es ist dabei zu beachten, daß während des Einschaltens bzw.

Abb. 9. Abhängigkeit der Leistung von der Umgebungstemperatur.

Abb. 10. Abhängigkeit der Leistung von der Höhenlage. *H* Höhe über Meeresspiegel.

beim Hochlauf oder bei elektrischer Bremsung höhere Ströme auftreten können. Für die Erwärmung eines Motors ist meist die höchste Temperatur maßgebend, die er im Betrieb annimmt. Daher müssen bei Auswahl des Motors alle Einzelheiten festliegen, die eine Erwärmung zur Folge haben, wie Anlaufzeit, Anlaufbedingungen, Dauer der Einschaltung und Verlauf der Belastung, besondere Betriebsbedingungen und Art der Stillsetzung bzw. Bremsung. Genau in der gleichen Weise interessiert aber auch die Abkühlmöglichkeit.

Hinsichtlich des Anlaufens unterscheidet man vorwiegend *Leeranlauf*, wie bei Drehbänken, Bohrmaschinen u. dgl., wo die Belastung erst nach dem Hochlauf erfolgt, und *Hochlauf mit steigendem Moment*, wie bei Kreiselpumpen, Verdichtern usw., wo die Belastung mit wachsender Drehzahl zunimmt. Unter diese beiden Gruppen dürften etwa 80 bis 85% aller Industrieantriebe fallen. Unter *Vollast-*

anlauf versteht man einen Anlauf, bei dem das Reibungsmoment der Ruhe und die Gegenmomente etwa dem Vollastmoment entsprechen, wie bei Förderbändern, Kolbenpumpen, Becherwerken u. a. Beim *Schweranlauf* ist das Gegenmoment beim Hochlauf wesentlich größer als das Vollastmoment, wie bei Kalandern, Kugelmühlen, Walzenstraßen, Zentrifugen u. a. Wenn auch Einsattlungen in der Drehmomentenkurve meist belanglos sind, so gibt es doch Sonderfälle, in denen der Motor während des Hochlaufes seine kritische Drehzahl durchlaufen muß, nämlich bei einzelnen hochdrehzahligen Motoren in der Spinnerei- oder Holzbearbeitungsindustrie. Steht dann in diesem Augenblick kein genügend großes Beschleunigungsmoment zur Verfügung, so besteht die Gefahr, daß die umlaufenden Teile in Schwingungen geraten. Der Läufer beginnt im Ständer zu schleifen. Es ist kein Überschußmoment zum Beschleunigen mehr vorhanden. Durch das Schleifen können Zerstörungen eintreten, bei denen ganze Teile des Blechpaketes herausgerissen werden. Der Einfluß von zusätzlichen Schwungmassen auf die Hochlaufzeit und damit auf die Dauer erhöhter Stromaufnahme wurde bereits in Abschn. 1 behandelt.

c) **Dauerbetrieb und aussetzende Belastung** (s. a. Abschn. 24). Wird ein Motor bei Betriebsbeginn eingeschaltet und läuft dann während einer Schichtdauer vollbelastet durch, so spricht man von *Dauerbetrieb* (DB), läuft er zwar durch, jedoch findet ein ständiger Wechsel zwischen Belastung und Leerlauf statt,

so ist dies *Dauerbetrieb mit aussetzender Belastung* (DAB), wobei das Verhältnis von Einschalt- und Belastungsdauer in % ausgedrückt wird, z. B. DAB 25 % BD. Ein derartiger Fall kann z. B. bei Holzfräsen

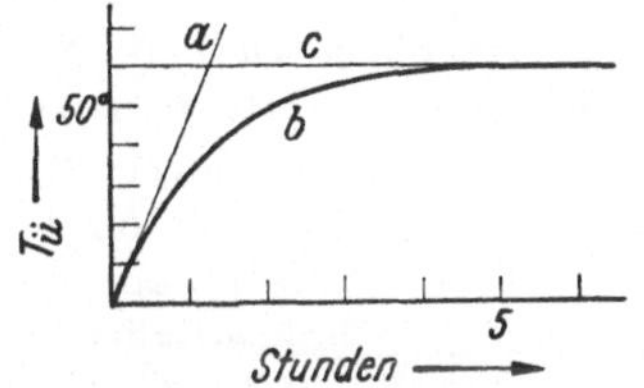

Abb. 11. Motorerwärmung im Dauerbetrieb. *a* Temp.-Anstieg ohne Wärmeabfuhr; *b* Temp.-Anstieg des Motors; *c* Grenztemp. gemäß Regeln für elektr. Maschinen (s. Abschn. 24).

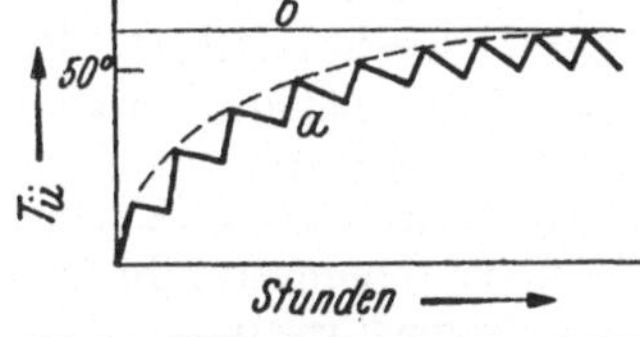

Abb. 12. Motorerwärmung im Aussetzbetrieb. *a* Temp.-Anstieg bei 25 % *ED* (vgl. S. 44); *b* Grenztemp. wie Abb. 11.

eintreten, wenn der Motor durchläuft und das Fräsen etwa ½ Minute dauert, die Arbeitsvorbereitung bis zum nächsten Fräsen 1½ Minuten, eine Spieldauer also 2 Minuten und das Fräsen demnach 25 % dieser Zeit. Werden die Pausen zwischen den einzelnen Belastungen zu groß, verschlechtert andererseits ein ständiges Ein- und Ausschalten die Betriebsbedingungen in keiner unzulässigen Weise, so wird der Motor nach jeder Belastung stillgesetzt, man arbeitet dann mit Aussetzbetrieb (AB), wobei der Anteil der Einschaltzeit an einer Spieldauer ebenfalls in % angegeben wird. Diese Betriebsform ist besonders häufig im Kranbetrieb, die Bezeichnung lautet AB..% ED. Wird, wie bei Festspannvorrichtungen, ein Motor nur ganz selten und dann nur kurzzeitig eingeschaltet, so spricht man von Kurzzeitbetrieb (KB). Derartige Motoren werden nie so lange belastet, daß sie unzulässig warm werden, hier kommt es vielmehr darauf an, daß sie ein möglichst hohes Moment aufbringen. Meist geht man bis dicht an das Kippmoment. In Abb. 11 ist die Motorerwärmung im Dauerbetrieb, in Abb. 12 die im Aussetzbetrieb gezeigt.

d) Besonders ungünstig auf die Erwärmung wirkt sich **große Schalthäufigkeit** aus, zumal dabei in irgend einer Form auch eine Bremsung stattfinden muß. In den Abb. 13 u. 14 geben die Kurven an, wieweit die Motorleistung eines normalen Ds-Kurzschlußmotors herabgesetzt werden muß, um keine unzulässige Erwärmung zu bekommen, wenn die Anlaufzeit oder die Schalthäufigkeit zunimmt. Mit zunehmender Schalthäufigkeit muß der sonst zu lange dauernde

Auslauf nach dem Abschalten mit zusätzlichen Mitteln verkürzt werden. Mechanische Bremsen kommen mit Rücksicht auf den Verschleiß und die Schwierigkeit, die entstehende Wärme abzuführen, nicht in Betracht. Bei der elektrischen Bremsung ist zu unterscheiden, ob Gleich- oder Drehstrom vorhanden ist. Bei Gleichstrom ist die Ankerkurzschlußbremsung am gebräuchlichsten. Sofern die Generatorwirkung ausgenützt werden kann, macht man von der Nutzbremsung Gebrauch. In Abschn. 9a und b ist im einzelnen darauf eingegangen. Ein Son-

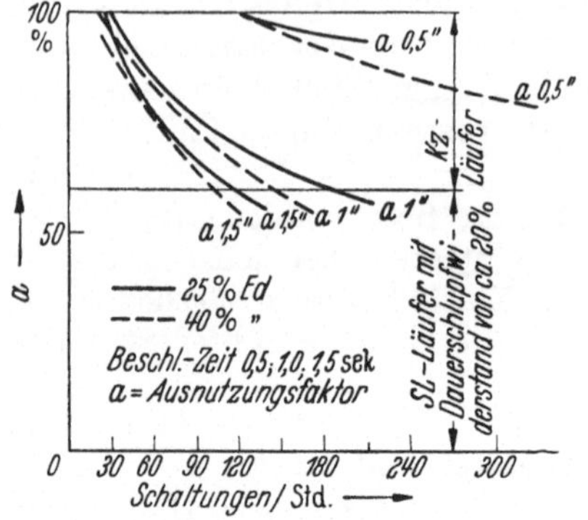

Abb. 13. Abhängigkeit der Motorleistung von der Anlaufzeit.

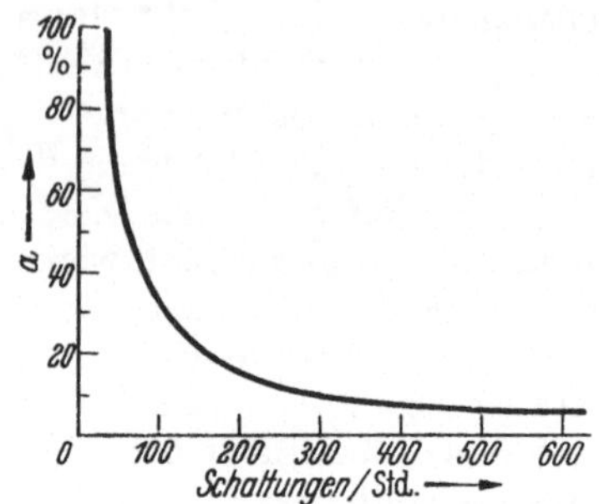

Abb. 14. Abhängigkeit der Motorleistung von der Schalthäufigkeit.

derfall ist das Bremsen und der Umkehrbetrieb beim Leonardantrieb, der in Abschn. 8a behandelt ist. Bei Drehstrom benutzte man früher am häufigsten die Gegenstrombremsung (Abschn. 15a), während jetzt die Gleichstrombremsung (Abschn. 15b) immer mehr verwendet wird. Der Vorteil der Gleichstrombremsung besteht darin, daß die Verlustwärme beim Bremsen nur ein Drittel derjenigen ist, die bei der Gegenstrombremsung entsteht. Nachteilig ist, daß nicht vollständig bis Null gebremst werden kann. Im allgemeinen bleibt eine Restdrehzahl von etwa 5%. Ist die Größe des Widerstandes einer Motorphase bekannt, so kann nach der Gl. $U = IR$ die Gleichstromspannung bestimmt werden, der ein Strom entspricht,

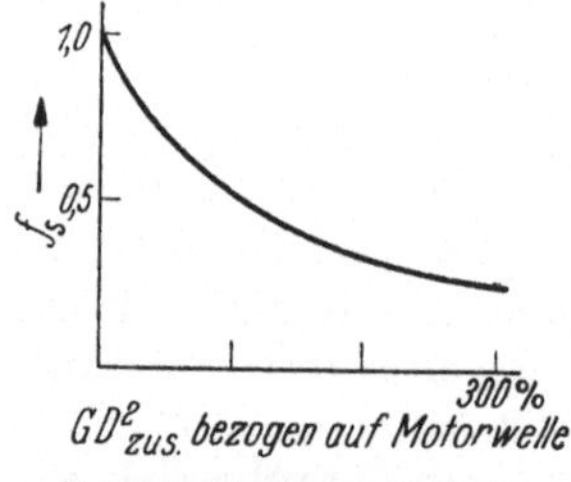

Abb. 15. Einfluß zusätzlicher Schwungmassen auf die Schalthäufigkeit.

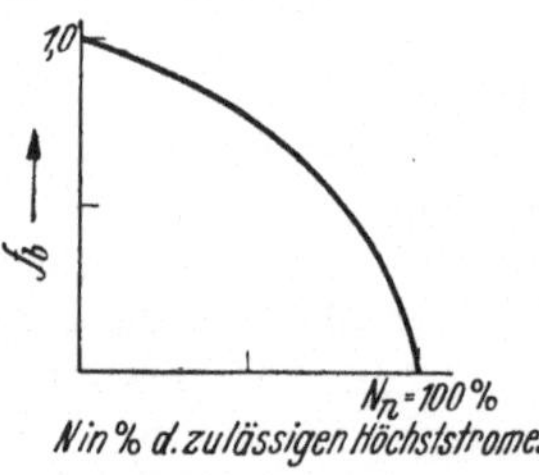

Abb. 16. Einfluß der Teilbelastung auf die Schalthäufigkeit.

welcher zu dem gewünschten Bremsmoment gehört. Setzt man die elektrischen Verluste beim Hochlauf gleich 1, so sind sie bei der Gleichstrombremsung ebenfalls $= 1$, bei der Gegenstrombremsung dagegen $= 3$. Bei Umkehrung der Motordrehrichtung und vorhergehender Bremsung sind die entsprechenden Werte bei Gleichstrombremsung $= 2$, bei Gegenstrombremsung $= 4$, bei mechanischer Bremsung würden sie $= 1$ sein.

Die zulässige Schalthäufigkeit eines Motors hängt ab von dem Faktor f_s, der das Verhältnis des Ankerschwungmomentes zum Gesamtschwungmoment angibt (Abb. 15), vom Faktor f_b, der das Verhältnis von Teilbelastung zur Vollbelastung anzeigt (Abb. 16), vom Vielfachen f_a der Anlaßverluste je nach Bremsart, wobei der im vorigen Absatz angegebene Faktor einzusetzen ist, und der Schalthäufigkeit s_0, die zulässig ist, wenn ein unbelasteter Motor, ohne zusätzliches GD^2, ohne Überschreitung der Endtemperatur durch Gegenstrom umgesteuert wird.

$$s = s_0 f_a f_s f_b.$$

s_0 kann dabei je nach Auslegung und mechanischer Durchbildung eines Motors sehr unterschiedlich sein.

4. Drehzahländerung. Es erscheint im Rahmen dieses Absatzes über grundsätzliche Fragen wichtig, auf den *Begriff des Regelns* näher einzugehen. Streng genommen darf man von Regeln nur da sprechen, wo ein gegebener Zustand mit einem gewünschten verglichen wird und durch entsprechende Maßnahmen eine meistens selbsttätige Angleichung erfolgt. Soll z. B. ein Gs-Generator Strom einer bestimmten Spannung abgeben und weicht die tatsächlich vorhandene Spannung von der gewünschten ab, so wird bei Absinken der Spannung das Feld stärker, im entgegengesetzten Falle das Feld schwächer erregt. Die Änderung der Erregung erfolgt dabei selbsttätig durch entsprechende „Regeleinrichtungen". Anders liegen die Verhältnisse bei Werkzeugmaschinen, bei denen beispielsweise ein Motor bei der einen Arbeit mit 750, bei einer anderen mit 1500 oder einer Zwischendrehzahl laufen soll. Es handelt sich hierbei nicht um ein Regeln, sondern um das Einstellen einer neuen Drehzahl, einen Vorgang, den man besser als „steuern" bezeichnet. Es schließt dies nicht aus, daß nach dem „Einsteuern" eine „Regelung" erforderlich wird. Diese Motoren müßte man nicht wie bisher als „Regelmotoren", sondern als „Motoren mit veränderlicher (oder einstellbarer) Drehzahl" bezeichnen, die hierzu erforderlichen Geräte nicht „Regler", sondern „Schalter (u. dgl.) zum Ändern der Drehzahl". Es ist klar, daß diese Bezeichnungen teils zu lang, teils nicht eindeutig genug sind. Da dies auch für Bezeichnungen wie „Steuermotor" oder „Verstellmotor" usw. zutreffen würde, kann vor Prägung und allgemeiner Anerkennung einer neuen, einwandfreien Benennung nur eine längere oder umschreibende Bezeichnung verwendet werden. Auf alle Fälle aber soll der Vorgang selbst klar ausgedrückt sein, indem nicht von „Regeln" sondern nur von *Drehzahländerung* oder *Steuerung der Drehzahl* gesprochen wird.

5. Grundsätzliches über Schaltgeräte. a) D i e A u f g a b e d e s S c h a l t g e r ä t e s besteht darin, eine Verbindung zwischen Motor und Netz herzustellen oder zu trennen, wobei die Verbindung je nach den augenblicklichen Betriebsbedingungen veränderlich sein kann. Es gibt Schalter, die nur zur Einstellung eines Betriebszustandes dienen und nur von dem durchfließenden Strom beansprucht werden und solche, welche das Ein- und Ausschalten vornehmen und damit zusätzlich vom Lichtbogen, der beim Auseinandernehmen der Kontakte auftritt, beansprucht werden. Weiterhin unterscheidet man zwischen Schaltern, die von Hand, und solchen, die mittels irgendwelcher Betätigungsorgane von entfernten Stellen betätigt werden, den sog. Fernschaltern, zu denen hinsichtlich der Betätigungsart auch die Schaltschütze gehören. Vielfach müssen die Schalter zusätzliche Aufgaben übernehmen, indem sie gleichzeitig als Überwachungsorgane ausgebildet sind. Sollen sie bei Dauerüberlastung eines Motors auslösen, so erhalten sie Wärmeauslöser, die den Schalter zum Abschalten bringen, bevor der Motor sich unzulässig erwärmt hat. Muß ein Motor bei Ausbleiben der Netzspannung aus irgendwelchen Gründen sofort vom Netz abgetrennt werden, erhält der Schalter eine Nullspannungsauslösung; darf bei Generatorwirkung des Motors kein Rückstrom in das Netz fließen, muß der Schalter durch eine entsprechende Einrichtung sofort auslösen, bevor Schäden auftreten können. Tritt hinter dem Schalter ein Kurzschluß auf, so dienen Schnellauslöser für rechtzeitiges Abschalten vom Netz.

Außer den Schaltern, die zum Ein- und Ausschalten von Motoren dienen, muß man unter diesem Begriff auch noch alle Betätigungsgeräte verstehen, welche den Ein- und Ausschaltvorgang einleiten. Hierzu gehören Druckknöpfe, Endschalter, u. dgl., die auch über Zwischenrelais arbeiten können. Deren Aufgabe kann darin bestehen, eine Zeitverzögerung herbeizuführen, oder mehrere Abhängigkeiten zusammenzufassen, oder bei hoher Stromaufnahme der Schalterspule den für das Betätigungsgerät zu hohen Einschaltstrom zu schalten usw. In manchen Fällen wird der Schaltvorgang nicht von Hand eingeleitet, sondern es wird mittels Fotozellen oder -widerstände ein sog. Feinrelais zum Ansprechen gebracht, das dann den Motorschalter auslöst.

Bei der Erfüllung seiner Aufgaben muß der Schalter zwei verschiedenen Beanspruchungen gewachsen sein, den mechanischen und den elektrischen.

b) Die mechanischen Beanspruchungen wachsen mit zunehmender Schalthäufigkeit, so daß besonders bei hohen Schaltzahlen die Lebensdauer eines Schalters merklich beeinflußt wird. Je größer die Zahl der Gelenke, je größer die Beschleunigungskräfte, denen die einzelnen Teile ausgesetzt sind, um so größer die Abnutzung. Bei Walzenschaltern mit vielen Zonen kann unter dem Einfluß des Kontaktdruckes die Verdrehung der Walzenachse solche Ausmaße annehmen, daß der erste und letzte Kontakt nicht mehr gleichzeitig betätigt werden. Durch entsprechende Auswahl des Schalters kann, von extremen Fällen abgesehen, meist eine brauchbare Lösung gefunden werden.

c) Die elektrische Beanspruchung bezieht sich in erster Linie auf die Schaltkontakte, in einer Reihe von Fällen aber auch auf die Betätigungsspulen. Wird ein Schalter betriebsmäßig nicht geschaltet, so ist seine elektrische Beanspruchung nicht größer, als die jeder anderen stromführenden Leitung. Eine Ausnahme tritt nur ein, wo der Schalter so starken Erschütterungen ausgesetzt ist, daß eine einwandfreie Kontaktgabe in Frage gestellt wird. Bei betriebsmäßiger Schaltung muß nicht nur sichergestellt sein, daß der Einschaltstrom bewältigt wird, sondern daß er auch abgeschaltet werden kann, da es jederzeit möglich ist, daß der Schalter durch irgendwelche Einflüsse in dem Augenblick zum Abfall gebracht wird, in welchem der höchste Motorstrom auftritt. Im Gegensatz zum Einschalten besteht hierbei die Gefahr, daß sich ein Lichtbogen bildet. Entgegen der meist üblichen Ansicht ist nicht der Einschaltstrom eines Kurzschlußläufer-Motors der höchste Strom, der an den Kontakten in Erscheinung treten kann. Man braucht sich nur den Fall zu denken, daß der Kurzschluß unmittelbar hinter den Schalterkontakten auftritt, so daß der Leitungswiderstand gleich Null gesetzt werden kann. Ist der Motor mit einer Reihe von anderen Stromverbrauchern z. B. an einen nicht allzuweit entfernten Transformator angeschlossen, der eine Leistung von 100 kVA, eine Normalspannung von 380 Volt und eine Kurzschlußspannung [1] von 6%, also 23 Volt, hat, so ist das Verhältnis von Normal- zu Kurzschlußspannung $380 : 23 = 16,5 : 1$. Der normale Sekundärstrom beträgt $\frac{100000}{380\sqrt{3}} = 152$ Amp.; durch einen Kurzschluß auf der Sekundärseite kann also bei Normalspannung ein im Verhältnis $1 : 16,5$ größerer Dauer-Kurzschlußstrom von $16,5 \cdot 152 = 2500$ Amp. entstehen, oder mit anderen Worten, an den Primärklemmen des Motorschalters kann theoretisch ein Dauer-Kurzschlußstrom von 2500 Amp. auftreten, der von den Schalterkontakten bewältigt werden muß. Der den Transformator und die Schalter ebenfalls beanspruchende Stoß-Kurzschlußstrom kann sogar das 2,5fache des Dauer-Kurzschlußstromes erreichen, im vorstehenden Beispiel also 6500 Amp. In der Praxis liegen die Verhältnisse meist günstiger, auch ist die Dauer der Kurzschlußströme nur sehr kurz, da dann die jeweiligen Sicherheitseinrichtungen ansprechen. Bei größeren Anlagen empfiehlt

---

[1] Kurzschlußspannung ist diejenige Spannung, die man bei kurzgeschlossener Sekundärseite an der Primärseite eines Transformators anlegen muß, damit in beiden Wicklungen die Nennströme zum Fließen kommen. Die Kurzschlußspannung wird auf die Nennspannung bezogen und in % ausgedrückt. Sie beträgt bei den gebräuchlichen Drehstrom-Transformatoren 4—6%.

sich eine genaue Durchrechnung. Im übrigen sollten vorstehende Ausführungen nur zeigen, daß für die Auswahl von Schaltgeräten nicht nur die Motorströme, sondern auch die Netzverhältnisse maßgebend sind.

d) Jeder Schaltvorgang bewirkt eine Erwärmung der Kontakte, wobei diese Erwärmung mit zunehmendem Strom und zunehmender Spannung wächst. Je größer die Erwärmung, desto leichter bildet sich, besonders bei höheren Spannungen, ein Lichtbogen, den man dann mit verschiedenen Mitteln zu unterdrücken sucht, da er den Kontaktabbrand bedingt. Die Schaltleistung ist bei einem Schalter daher sehr unterschiedlich, je nachdem 1. ob stromlos geschaltet wird, 2. ob bei 220, 380 oder 500 Volt, 3. ob selten, so daß sich die Kontakte abkühlen können oder häufig, so daß eine starke Erhitzung eintreten kann, 4. ob nur Wirkstrom oder ob Kapazitäten oder Induktivitäten zu schalten sind, welche die Entstehung von Lichtbögen begünstigen. Eine sehr hohe Beanspruchung nicht nur für die Motoren, sondern auch für das Schaltgerät bedeutet der Tippbetrieb, bei dem Motor und Schalter praktisch dauernd mit dem Einschaltstrom belastet sind, sofern nicht — wie es allerdings meistens geschieht — der Einschaltstrom durch Widerstände begrenzt wird. Im eingeschalteten Zustand können starke Erschütterungen, wie schon angegeben, die Beanspruchung der Kontakte erhöhen, jedoch treten diese Auswirkungen während des Schaltvorganges viel stärker in Erscheinung. Bleiben die Kontakte nach der ersten Berührung nicht geschlossen, sondern öffnen sie sich infolge der Erschütterungen noch einmal, wenn auch nur kurz und geringfügig, so wird der hohe Einschaltstrom unterbrochen, was einen sehr starken Kontaktabbrand zur Folge hat. Zusammenfassend kann man sagen, daß die zulässige Schalthäufigkeit durch starke Erschütterungen, schlechte Kühlung, hohe Anlaufströme, Schaltung mit Gegenstrom, Parallelschaltung von Spulen (Magneten), lang andauernden Anlauf (Vorhandensein großer Schwungmassen), Tippbetrieb stark beeinflußt wird.

e) Schalthäufigkeit. Betriebsmäßig unterscheidet man: Reiner Schaltbetrieb — mittels der Kontakte wird kein Überstrom geschaltet —, Überstrombetrieb — Überstrom wird selten geschaltet, wobei die Auslösung durch thermische Auslöser bewirkt wird —, Tippschaltung und Einrichtbetrieb — bei 10% aller Schaltungen wird ein Überstrom geschaltet oder aber es erfolgen durch Tippen hintereinander 10 Abschaltungen bei Überstrom. In der Regel wird bei der Planung von Schaltschützen für Kurzschlußläufer ein 4 bis 6facher, für Schleifringläufer ein 2facher Einschaltstrom zugrunde gelegt. Bedingt die Eigenheit einer Maschine oder eines Arbeitsvorganges höhere Beanspruchungen, so muß dies dem Motor- und dem Schaltgerätlieferanten unbedingt angegeben werden, da sonst eine sachgemäße Wahl und Ausbildung der einzelnen Motoren und Schalter unmöglich ist. Man darf nicht vergessen, daß bei gleicher Nennstromstärke der eine Schalter (im reinen Schaltbetrieb) beispielsweise nur etwa 3 Schaltungen im Tag macht, während ein anderer Schalter etwa 1 bis 2000 Schaltungen in der Stunde zu bewältigen hat. Es ist dies auch für die Auslegung der Schützspulen von Bedeutung. Das Heißwerden von Schützspulen im Dauerbetrieb ist oft dadurch bedingt, daß die Spule nicht für Dauerbetrieb gewickelt war.

Bei den Schaltern ist zwischen der Lebensdauer des mechanischen Teiles und derjenigen der Kontakte zu unterscheiden. Die beim Schalten auftretenden mechanischen Beanspruchungen können, wie schon geschildert, sehr beachtlich sein. Je nach der Schalterkonstruktion und den mechanischen Einflüssen ist eine ungefähr feststehende Anzahl von Schaltungen zulässig. Nach Überschreiten dieser Zahl braucht der Schalter noch nicht defekt zu sein, es muß aber damit gerechnet werden, daß zum mindesten die Schaltzeiten sich ändern. Die Lebens-

dauer der Kontakte ist meist wesentlich kürzer, besonders wenn die Schalthäufigkeit sehr groß ist, da infolge der stärkeren Kontakterwärmung der Abbrand
schneller vor sich geht. Bei 3000 Schaltungen/Stunde und 8stündiger Arbeitszeit ergeben sich bereits 24 000 Schaltungen/Tag, d. h., man muß etwa alle 8 Tage die Kontakte auswechseln. Es ist damit zu rechnen, daß mit der Zeit bei diesen und höheren
Schaltzahlen die Schütze durch trägheitslose Röhrensteuerungen ersetzt werden,
die beim augenblicklichen Stand der Entwicklung allerdings noch zu teuer sind.

II. Der Gleichstrommotor.

Die Gleichstrom-Maschine, gleichgültig, ob es sich um einen Motor oder um
einen Generator handelt, besteht aus dem feststehenden Magnetgestell und dem
zwischen den Polen dieses Gestelles umlaufenden Anker. Auf der Ankerwelle sitzt
der sog. Kommutator, der auch als Kollektor oder Stromwender bezeichnet wird. Bei der einfachsten Ausführung sind im Magnetgestell nur Hauptpole an-
geordnet, welche die Feldwicklung tragen. Um bei allen Belastungen und unveränderter Bürstenstellung einen möglichst funkenfreien Lauf zu erzielen, sind die meisten Gleichstrommaschinen mit Wendepolen aus-
gerüstet. Abb. 17 zeigt den Aufbau einer derartigen Maschine. Je nachdem, ob Anker-(AB) und Feldwick-
lung (CD) hintereinander- oder parallelgeschaltet sind, spricht man von Hauptstrom- (auch Reihenschluß-) oder Nebenschlußmaschinen (Abb. 18 u. 19). In ihrer Wirkungsweise sind diese beiden Ausführungen grund-
verschieden.

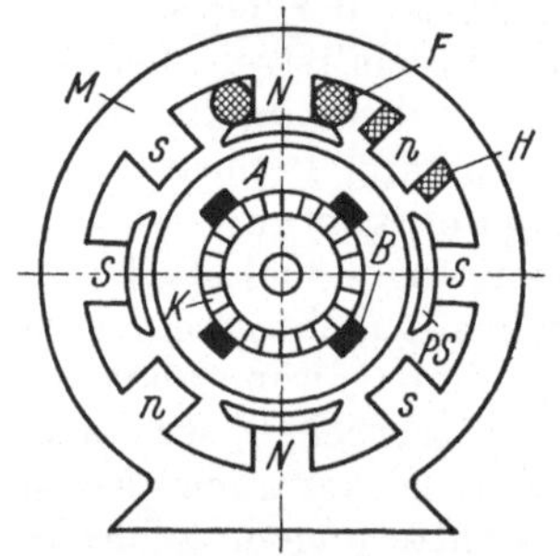

Abb. 17. Aufbau einer Gleichstrom-
maschine. *A* Anker; *B* Bürsten;
F Feldwicklung; *H* Hilfs-(Wende-)
polwicklung; *K* Kollektor; *M* Mag-
netgehäuse; *N, S* Hauptpole;
n, s Wendepole.

Die Umfangskraft am Anker einer Maschine bzw.
ihr Drehmoment ändert sich verhältnisgleich mit dem
Ankerstrom I, der den Anker magnetisiert, und der magnetischen Dichte B
im Luftspalt (gleichbedeutend mit Stärke des Magnetfeldes). Die Drehzahl des
Ankers[1] ändert sich dagegen im umgekehrten Verhältnis wie die magnetische
Dichte im Luftspalt und verhältnisgleich mit der an der Ankerwicklung liegenden
Spannung E. Beim Nebenschlußmotor kann man E und B als unabhängig von
der Belastung gleichbleibend betrachten. Dies muß dann auch für die Drehzahl

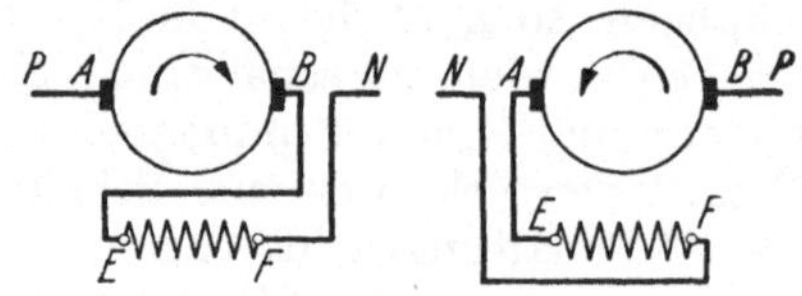

Abb. 18. Schaltschema einer Hauptstrommaschine
mit Magnetwicklung *EF*.

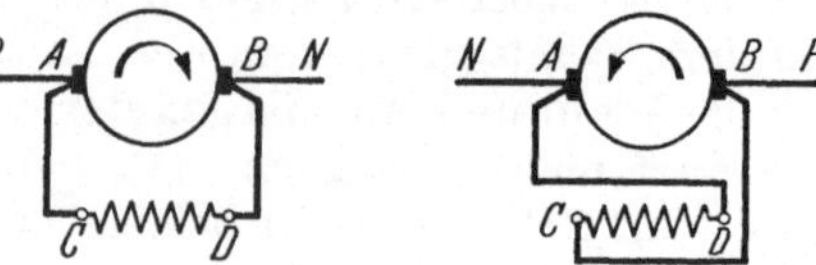

Abb. 19. Schaltschema einer Nebenschlußmaschine
mit Magnetwicklung *CD*.

zutreffen. Da B gleichbleibt, ändert sich der Stromverbrauch im gleichen Verhältnis wie das Drehmoment bzw. die abgegebene Leistung. Beim Hauptstrommotor fließt der Läuferstrom durch die Feldwicklung. Da aber der in der Feldwicklung fließende Strom bei einer Änderung auch die magnetische Dichte im
gleichen Verhältnis ändert, bedeutet dies, daß der Hauptstrommotor bei starker

---

[1] Der Anker hat das Bestreben, so schnell zu laufen, daß in seiner Wicklung infolge
Schneidens der Kraftlinien des magnetischen Feldes eine gegenelektromotorische Kraft
(Spannung) entsteht, welche die an den Bürsten liegende Spannung E nahezu aufhebt.

Belastung langsam, bei schwacher schnell läuft. Es besteht die Gefahr, daß er bei Leerlauf durchgeht. Das Drehmoment ändert sich mit dem Quadrat des Stromes. Die an der Ankerwicklung liegende Spannung E kann praktisch mit der Netzspannung U gleichgesetzt werden. Dann gilt für

$$\left.\begin{array}{ll} \text{Nebenschl. Masch.:} & M_d \approx B \cdot I_a \\[4pt] \text{Reihenschl. Masch.:} & M_d \approx I_a^2 \\[6pt] \text{Nebenschl. Masch.:} & n \approx \dfrac{E}{B} \\[10pt] \text{Reihenschl. Masch.:} & n \approx \dfrac{E}{I_a} \end{array}\right\} \qquad (13)$$

Bei vorstehenden Überlegungen wurden zur Vereinfachung der Widerstand der Maschinenwicklung, der entmagnetisierende Einfluß des Ankerstromes und die Sättigung des Magneteisens vernachlässigt. Ferner wurde die Elektromotorische Kraft (EMK) $E = U$ gesetzt, obwohl sie um den Ohmschen Spannungsverlust im Anker kleiner ist. Durch diese Vereinfachungen ändern sich zwar die rechnerischen Werte, dagegen nicht die grundsätzlichen Verhältnisse.

Diese besagen, daß der Hauptstrommotor überall da ungeeignet ist, wo eine vollkommene Entlastung eintreten kann, daß er jedoch besonders dort zweckmäßig ist, wo ein hohes Anzugsmoment verlangt wird und die Drehzahl mit steigender Belastung sinken soll. Es trifft dies in erster Linie für Bahnen und vereinzelt auch für Förderanlägen zu. Der Nebenschlußmotor ist dagegen in den Fällen angebracht, in denen eine möglichst belastungsunabhängige Drehzahl verlangt wird. Hinzu kommen hierbei noch die günstigeren Verhältnisse bei der Drehzahländerung, auf die in Abschnitt C näher eingegangen wird.

A. Der Gleichstrom-Hauptstrommotor.

Beim Hauptstrommotor sind Anker und Feld hintereinander geschaltet, so daß beide vom vollen Ankerstrom durchflossen werden. Die Feldwicklung besteht daher nur aus wenigen Windungen mit starkem Drahtquerschnitt. Bei schweren und unregelmäßigen Betriebsverhältnissen, besonders wenn auch noch starke Überlastungen auftreten, werden zwischen den Hauptpolen kleine Hilfspole, die sog. Wendepole angeordnet. Diese ermöglichen bei allen Belastungen und auch bei häufigem Drehrichtungswechsel eine funkenfreie Stromwendung unter den Bürsten, ohne daß diese verstellt zu werden brauchen. Bei Durchgang von zwei benachbarten Stegen unter den Bürsten, wird die zwischen diesen Stegen befindliche Wicklung zwar kurzgeschlossen, in ihr aber trotzdem durch den Einfluß des Ankerfeldes ein Stromfluß erzeugt. Wird durch die Wendepolwicklung ein ungefähr gleich großer, aber entgegengesetzt fließender Strom hervorgerufen, so heben sich die Wirkungen beider auf; durch die neutrale Zone können keine Kraftlinien gehen, es gibt kein Bürstenfeuer. Abb. 18 und 20 zeigen die Schaltung ohne und mit Wendepolwicklung (GH).

6. Drehzahl, Drehmoment, Drehrichtung. In Abb. 21 sind die Betriebskurven eines Hauptstrommotors gezeigt. Die Drehzahl ändert sich, wie bereits erläutert, im umgekehrten Verhältnis wie die Belastung. Der Motor kann bei Entlastung eine unzulässig hohe Drehzahl annehmen und ist daher für Riemenantrieb wegen der Gefahr des Reißens oder Abfallens des Riemens nicht geeignet. Beim Anlauf und beim Hochlauf steht ein großes Drehmoment zur Verfügung, das sich mit dem Quadrat des Stromes ändert. Ein unbelasteter Anlauf ist unter allen Umständen zu vermeiden. Will man die Drehrichtung ändern, so bleibt die Richtung des

Stromes im Feld die gleiche, während sie im Anker und in der Wendepolwicklung, falls vorhanden, umgekehrt werden muß.

7. Anlassen. Wie schon erwähnt, ist ein unbelasteter Motor gefährdet. Es muß vor dem Einschalten darauf geachtet werden, ob alles in Ordnung ist. Anker- und Feldwicklung haben nur einen geringen Widerstand und dürfen, zur Vermeidung unzulässiger Einschaltströme, von etwa 1,5 kW Leistung an nicht mehr unmittelbar eingeschaltet werden. Die Einschaltwiderstände liegen, da Anker und Feld hintereinander geschaltet sind, vor beiden.

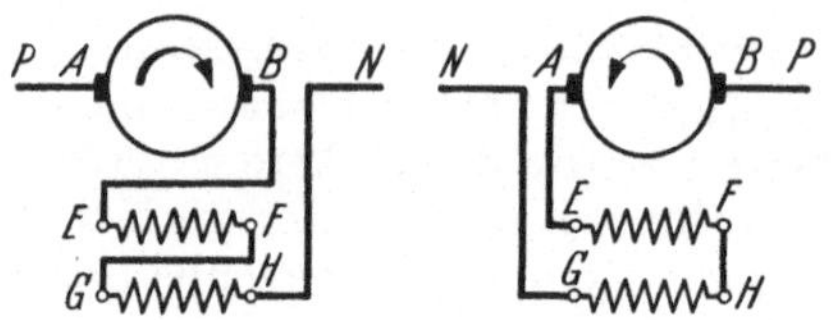

Abb. 20. Schaltschema einer Hauptstrommaschine mit Wendepolen *GH*.

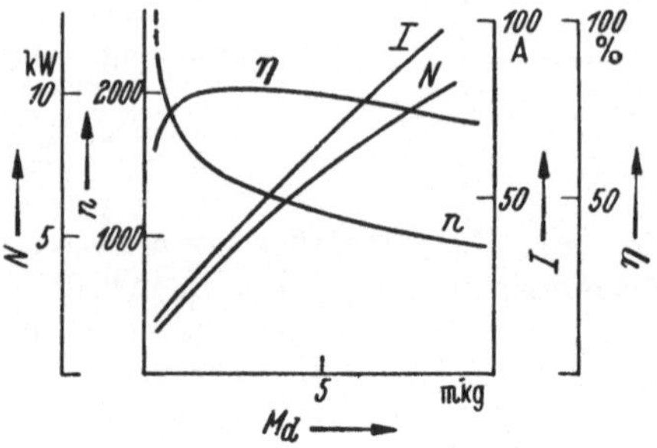

Abb. 21. Betriebskurven eines Hauptstrommotors.

8. Eignung. Der Hauptstrommotor ist für Bahnen, Fahrzeuge, verschiedene Hebezeuge, Drehscheiben u. dgl. geeignet, ferner überall da, wo hohes Anzugsmoment, geringe Drehzahl bei hoher Belastung und hohe Drehzahl bei geringer erwünscht oder wenigstens nicht von Nachteil ist. Ungeeignet ist er für Antriebe, bei denen vollkommene Entlastung eintreten kann, wie beispielsweise bei Werkzeugmaschinen.

B. Der Gleichstrom-Nebenschlußmotor.

Beim Nebenschlußmotor sind Anker und Feld parallel geschaltet (Abb. 22—24). Die Feldwicklung besteht aus vielen Windungen mit dünnem Drahtquerschnitt. Genau wie der Hauptstrommotor sind auch die meisten Nebenschlußmotoren mit

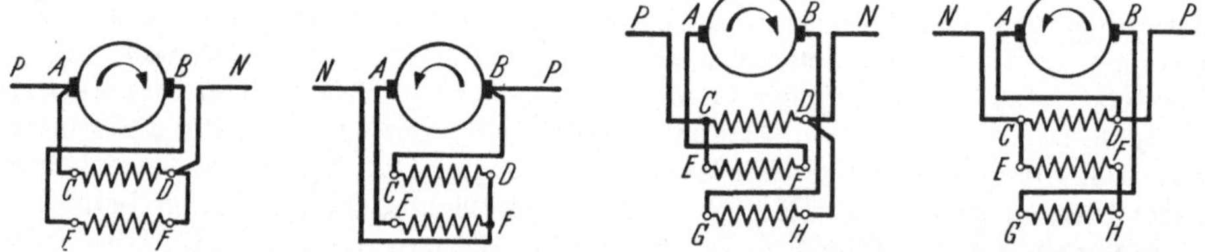

Abb. 22. Schaltschema einer Nebenschlußmaschine mit Sicherheitskompoundwicklung (*EF* hier schwache Hauptstromwicklung) zwecks Gleichhaltung der Drehzahl.

Abb. 23. Schaltschema einer Nebenschlußmaschine wie Abb. 22 mit zusätzlichen Wendepolen *GH*.

Wendepolen ausgestattet (Abb. 23), um bei allen Belastungen sowie häufigem Drehrichtungswechsel eine funkenfreie Stromwendung unter den Bürsten zu ermöglichen.

Wenn die Drehzahl des Nebenschlußmotors auch ziemlich belastungsunabhängig ist, gibt es doch Antriebe, bei denen die Nenn-Drehzahl noch genauer eingehalten werden muß. Um dies zu erreichen, wird auf die Hauptpole eine schwache Hauptstromwicklung *EF* (Abb. 22) (Sicherheitskompoundwicklung) gelegt und je nach ihrer Aufgabe so geschaltet, daß sie das Feld verstärkt oder schwächt (Gegenkompoundierung). Diese Wicklung liegt mit der Ankerwicklung in Reihe. Muß bei Drehzahländerung im größeren Ausmaß das Feld besonders stabil und symmetrisch sein, wird in die Polschuhe eine Kompensationswicklung *IK* gelegt (Abb. 24), die mit dem Anker in Reihe, jedoch hinsichtlich der Stromrichtung entgegengesetzt geschaltet ist. Durch entsprechende Wahl der Windungszahl wird erreicht, daß ein Feld entsteht, welches das vom Anker erzeugte Feld gerade aufhebt. Das Hauptfeld einer kompensierten Maschine wird durch die Ankerströme nicht verzerrt, das Gesamtfeld hat daher bei jeder Belastung den gleichen Verlauf, was besonders bei Motoren für größeren Drehzahlbereich von großer Wichtigkeit ist. In den Abb. 22—24 ist die Schaltung und Klemmenbezeichnung der einzelnen Ausführungen gezeigt.

9. Drehzahl, Drehmoment, Drehrichtung. In Abb. 25 sind die Betriebskurven eines Nebenschlußmotors gezeigt. Die Drehzahl ist fast unabhängig von der Belastung. Bei gewöhnlichen Motoren ist der Drehzahlabfall zwischen Leerlauf und Vollast etwa 5—15%, wobei er um so kleiner ist, je größer der Motor wird. Bei Motoren, deren Drehzahl betriebsmäßig verändert wird und die ohne besondere Ausgleichswicklungen sind, kann bei der höchsten Drehzahl ein Unterschied bis zu 25% auftreten. Es ist dies darauf zurückzuführen, daß bei geschwächtem Feld das von der Sicherheitskompoundwicklung herrührende Feld stärker in Erscheinung tritt. Das Drehmoment ändert sich im gleichen Verhältnis wie die aufgenommene Leistung.

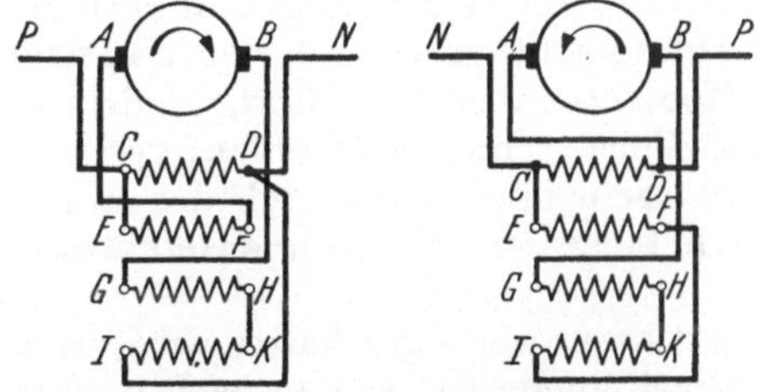

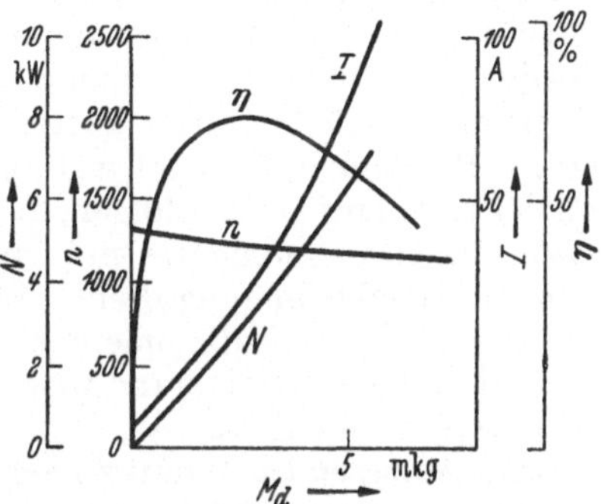

Abb. 24. Schaltschema einer Nebenschlußmaschine wie Abb. 23 mit zusätzlicher Kompensationswicklung *JK*.

Abb. 25. Betriebskurven einer Nebenschluß- maschine.

Um die Drehrichtung zu ändern, muß entweder die Stromrichtung im Feld oder im Anker gewechselt werden. Gleichzeitig mit der Ankerwicklung wäre die Wendepolwicklung, mit der Feldwicklung die Sicherheitskompoundwicklung umzuschalten. Da die Anker- und Wendepolwicklung im allgemeinen zusammengeschaltet sind und demnach nur zwei Klemmen erfordern, die beiden anderen Wicklungen dagegen vier Klemmen, ist es vorteilhafter, den Drehrichtungswechsel durch Umschalten des Ankers vorzunehmen. Hinzu kommt, daß die Feldwicklung eine große Induktivität besitzt, was bei größerer Schalthäufigkeit zeitlich und energiemäßig von Nachteil ist, da vor dem Aufbau eines neuen Feldes erst die Energie vernichtet werden muß, die zum Aufbau des alten Feldes erforderlich war. Soll gleichzeitig mit dem Drehrichtungswechsel auch noch gebremst werden, ergibt die Beibehaltung der Stromrichtung im Feld und die Ankerkurzschlußbremsung das einfachste Schaltgerät.

10. Anlassen. Beim Nebenschlußmotor liegen Feld und Anker unmittelbar am Netz. Das Feld hat verhältnismäßig hohen Widerstand und kann beim Einschalten sofort an die volle Netzspannung gelegt werden, während der Anker einen sehr kleinen Widerstand aufweist und, soweit es sich nicht um ganz kleine Motoren handelt, nie sofort an die volle Spannung gelegt werden darf. Eine kurze Überlegung macht dies verständlich. Hohe Spannung bedingt gemäß der Gleichung $U = I \cdot R$ bei kleinem Widerstand R einen hohen Strom I. Ein hoher Einschaltstrom, der hier ein Vielfaches des normalen sein würde, kann aber ein Auslöten der Drähte am Kommutator, Zerstörung der Isolation, der Wicklung oder des Kommutators bewirken. Sobald der Motor läuft, wird im Anker eine Gegenspannung erzeugt, die nur wenig unter der Netzspannung liegt, der Anker nimmt dann nur noch den Strom auf, für den er gewickelt ist. Es handelt sich demnach darum, während des An- und Hochlaufes vor den Anker einen Widerstand zu schalten, der den Strom auf die Höhe begrenzt, die zur Erzielung des verlangten Momentes ausreicht. Es gibt Fälle, in denen aus betriebsmäßigen Gründen, z. B. bei Verstellantrieben, auch größere Motoren unmittelbar eingeschaltet werden müssen. Da beim Einschalten auf alle Fälle ein Widerstand vorgeschaltet sein muß, ist man dann gezwungen, diesen Widerstand auch während des Betriebes als sog. Dauervorschaltwiderstand beizubehalten. Dieser Widerstand bedingt einen dauernden Energieverlust gemäß der Gl. $W = I^2 \cdot R$, wobei I der Ankerstrom und R der Widerstandswert des Vorschaltwiderstandes ist. Außerdem sinkt die Motordrehzahl verhältnisgleich mit der herabgesetzten Ankerspannung:

$$\frac{n}{n_1} = \frac{U}{U - I \cdot R}.$$

Der Ohmwert des Anlaßwiderstandes, seine Belastbarkeit, die Zahl und die Abstufung der Anlaßstufen hängen nicht nur von der Motorgröße, sondern besonders davon ab, welches Gegenmoment zu überwinden ist, ob hinsichtlich der Anlaufzeit besondere Bedingungen gestellt sind, wie oft in der Stunde eingeschaltet wird und im Hinblick auf die Abstufung, wie die Kurve des Gegenmomentes verläuft. Soll der Hochlauf sanft erfolgen, darf das Anlaufmoment nur so groß sein, daß nach Abzug des Gegenmomentes nur ein kleiner Momentenüberschuß übrig bleibt, der dann zur Beschleunigung dient. Wird ein möglichst schneller Hochlauf verlangt, so muß das Überschußmoment möglichst groß sein und damit auch der Ankerstrom. Der Anlaufwiderstand wird dann so klein bemessen, wie es ohne Gefährdung des Motors noch zulässig ist.

Beim Anlassen ist darauf zu achten, daß erst dann weitergeschaltet wird, wenn der Strom auf etwa seinen normalen Wert abgeklungen ist, was je nach dem zu überwindenden Gegenmoment länger oder kürzer dauern kann. Besonders bei Maschinen mit schwerem Anlauf soll daher ein Strommesser vorhanden sein, den man während des Hochlaufes beobachten kann. Bei selbsttätigen Anlassern oder bei Schützensteuerungen wird die Abhängigkeit zwischen Weiterschalten und Höhe des Stromes durch geeignete Einrichtungen wie z. B. Hilfskontakte, sichergestellt. Im allgemeinen ist ein Anlasser für Halblast- oder Vollastanlauf, der für eine bestimmte Stromstärke bemessen ist, nur durch die aufgestempelte Nennleistung unterschieden. Ist er z. B. für 10 kW bei Vollastanlauf geeignet, so kann er bei Halblastanlauf für etwa 20 kW verwendet werden. In Zweifelsfällen wählt man stets einen Vollastanlasser, um zu vermeiden, daß bei zu knapper Bemessung die Widerstände verbrennen. Ist der Anlasser zu reichlich, so hat das nur einen schnelleren Hochlauf zur Folge. Bei kleineren Motoren werden Widerstand und Anlaßwalze in einem Gerät zusammengefaßt. Bei größeren Motoren, bei häufigerem Einschalten und bei besonders schweren Anlaufbedingungen trennt man dagegen Walze und Widerstand. Soll ein Motor je nach Bedarf links oder rechts laufen, so faßt man Umschalter und Anlasser in einem Gerät zusammen. Soll mit dem Anlasser zeitweise auch die Drehzahl durch Vorschalten von Widerstand vor dem Anker geändert werden, so ist dies bei Beschaffung des Anlassers ausdrücklich anzugeben, da dann die Widerstände entsprechend reichlich bemessen werden müssen, damit sie nicht verbrennen. Bezüglich der hierbei auftretenden Verluste sei auf spätere Ausführungen (Abschnitt 11a) verwiesen.

11. Drehzahländerung. Wie S. 17 angegeben wurde, ändert sich die Drehzahl eines Gleichstrommotors im gleichen Verhältnis wie die am Anker liegende Spannung und im umgekehrten Verhältnis wie die magnetische Dichte im Luftspalt. Es ergeben sich hieraus zwei grundsätzlich verschiedene Möglichkeiten: die Anker- und die Feldbeeinflussung. Bei den handelsüblichen Motoren kann die Drehzahl im allgemeinen nicht bzw. nur in ganz geringem Maße geändert werden. Es ist dies nicht allein eine Frage der elektrischen Auslegung des Motors, sondern bei steigenden Drehzahlen eine Festigkeitsfrage, bei sinkenden eine Frage der Belüftung. Wichtig ist, ob bei Einwirkung auf den Anker Belastungsschwankungen auftreten, ob bei Einwirkung auf das Feld Drehrichtungswechsel verlangt wird und hinsichtlich des Schaltgerätes auch, ob die Drehzahl feinstufig geändert werden muß oder ob grobe Stufung genügt.

a) Drehzahländerung durch Einwirkung auf den Ankerstromkreis. Hierbei wird der Ankerwicklung ein Strom veränderlicher Spannung zugeführt. Die einfachste Lösung besteht darin, daß man einen veränderlichen Widerstand vor den Anker schaltet, man muß sich aber darüber klar sein, daß hierbei Verluste auftreten und die Drehzahl außerdem belastungsabhängig ist. Bei einer Drehzahlherabsetzung im Verhältnis 2 : 1 wird die Hälfte der dem Anker zugeführten Energie in den Widerständen vernichtet. Geht bei schwächerer Belastung der Ankerstrom auf die Hälfte zurück, so gilt dies auch für die Spannungsverminderung und damit wieder für die Drehzahlherabsetzung. Der Motor läuft dann nicht mehr mit der halben, sondern mit 75 % seiner normalen Drehzahl. Bei ventilierten Motoren, deren Drehzahl innerhalb eines größeren Bereiches geändert wird, ist zu beachten, daß mit abnehmender Drehzahl die Belüftung schlechter wird. Die Verluste bleiben etwa die gleichen, so daß zur Vermeidung einer unzulässigen Erwärmung die Belastung des Motors stärker herabgesetzt werden muß, als es der Drehzahlverminderung entsprechen würde. Für die Ankerbeeinflussung kann man gewöhnliche Anlaßwalzen verwenden, wenn die einzelnen Kontakte so kräftig ausgeführt sind, daß sie den Nennstrom unbedenklich schalten können. Die Widerstände müssen selbstverständlich für diesen Betrieb ausgelegt sein.

Vereinzelt hat man in Betrieben Gleichstromnetze verschiedener Spannung. Hier ist es dann ohne weiteres möglich, die Drehzahl im Verhältnis der Spannungen des Ankerstromes bei gleichbleibender Felderregung zu ändern, ohne daß Verluste auftreten. Abweichende Drehzahlen können selbstverständlich auch hier durch Zwischenschaltung von Widerständen erreicht werden. Die Frage der Leistungsminderung infolge der schlechteren Belüftung ist ebenfalls von Fall zu Fall zu prüfen.

In vielen Fällen lohnt sich die Aufstellung eines Maschinensatzes, der Gleichstrom veränderlicher Spannung erzeugt, welcher dann dem Anker zugeführt wird. Die bekannteste Lösung besteht darin, daß man bei einem mit gleichbleibender Drehzahl angetriebenen Gleichstromgenerator das Feld beeinflußt und dadurch einen Strom veränderlicher Spannung erhält, der dann dem Anker des Arbeitsmotors zugeführt wird. Es ist dies die sog. *Leonardschaltung.* Eine andere Lösung besteht darin, daß eine zweite Gleichstrommaschine mit dem Arbeitsmotor in Reihe geschaltet wird, wobei diese Maschine je nach Bedarf als Generator oder als Motor läuft. Bei dieser Ausführung, die als *Zu- und Gegenschaltung* bekannt ist, muß noch unterschieden werden, ob ein Dreh- oder Gleichstromnetz vorhanden ist.

Beim *Leonardantrieb* ist außer dem Arbeitsmotor, dem Leonardgenerator und seinem Antriebsmotor in Drehstromanlagen noch ein besonderer Erregergenerator erforderlich, welcher den Erregerstrom für das Feld des Leonardgenerators und des Arbeitsmotors erzeugt. Der letzte muß stets ein gleichbleibendes Feld haben. Mittels eines feinstufig einstellbaren Widerstandes wird die Feldspannung des Leonardgenerators und damit seine Ankerspannung zwischen Null und einem Höchstwert geändert. Jedem Wert dieser Spannung entspricht aber eine bestimmte Drehzahl des Arbeitsmotors, dessen Drehzahl dadurch vom Stillstand bis zu seiner Nenndrehzahl geändert werden kann. Es ist demnach kein besonderer Anlasser erforderlich. In Abb. 26 ist die grundsätzliche Schaltung gezeigt. Die Drehzahländerung erfolgt, da Feld und Ankerstrom sich nicht ändern, bei gleichbleibendem Drehmoment. Der Drehzahlbereich kann nicht beliebig groß gewählt werden. Wird die Drehzahl unter etwa $^1/_{10}$ der vollen Drehzahl herabgesetzt, so macht sich der vom Läuferstrom I_a abhängige Spannungsabfall allmählich bemerkbar, die Motordrehzahl wird belastungsabhängig. Durch verschiedene Maßnahmen kann bis zu einem gewissen Grad ein Ausgleich geschaffen werden, doch ist aus wirtschaftlichen Gründen ein Drehzahlverhältnis von 1 : 20 meist die Grenze. Genügt dies nicht, kann noch, wie später gezeigt, das Feld beeinflußt werden. Beim Leonardantrieb treten verhältnismäßig hohe Läuferströme auf. Soll nun die Drehrichtung gewechselt werden, so verzichtet man nicht gern auf den Vorteil des Leonardantriebes, der im Fortfall großer Schaltgeräte besteht und schaltet deshalb das Generatorfeld um. Es wirkt sich dies besonders dann als großer Vorzug aus, wenn große Schalthäufigkeit und Drehrichtungswechsel, wie bei Hobelmaschinenantrieben, auftritt. Der Vorteil der verlustlosen Drehzahländerung wird zum Teil wieder dadurch ausgeglichen, daß mehrere Maschinen erforderlich sind, deren Gesamtwirkungsgrad zu berücksichtigen ist und ferner durch die höheren Anschaffungskosten.

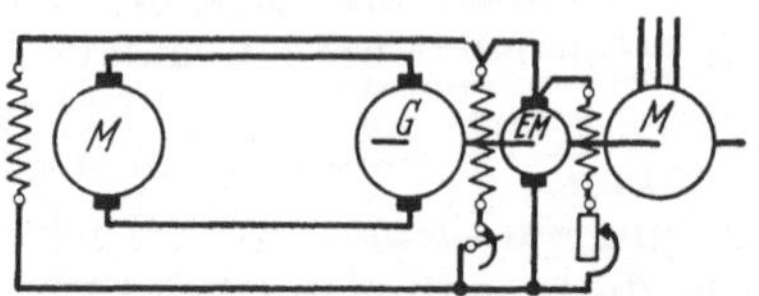

Abb. 26. Grundsätzliches Schaltbild eines Leonard-Umformers. *M* Motoren; *EM* Erregergenerator; *G* Leonardgenerator.

Der zuletzt erwähnte Nachteil gilt auch für die *Zu- und Gegenschaltung* (Abb. 27). In Betrieben mit belastungsfähigen Gleichstromnetzen liegt mit dem Arbeitsmotor *AM* eine Gleichstrommaschine *ZM* in Reihe (Zusatzmaschine), die ihrerseits mit einem ebenfalls am *Gs*-Netz liegenden *Gs*-Motor *M* gekuppelt ist. Zunächst wird die Zusatzmaschine voll und so erregt, daß sie eine Spannung abgibt, die der Netzspannung gleich, aber entgegengesetzt ist. Die Ankerspannung am Arbeitsmotor ist dann Null, er steht still. Je weiter man das Feld der Zusatzmaschine schwächt, umso niedriger wird ihre Ankerspannung, umso höher wird die Spannung

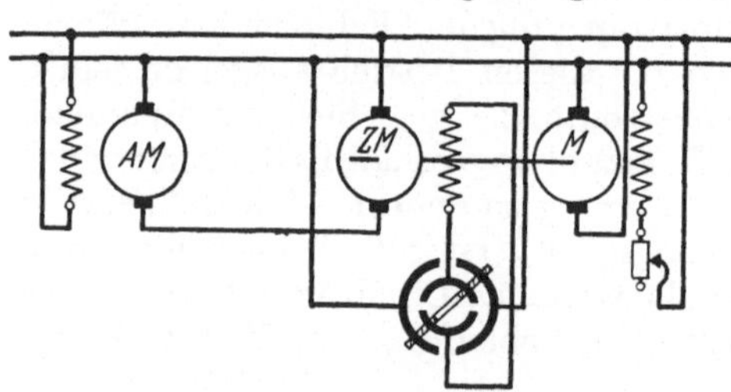

Abb. 27. Grundsätzliches Schaltbild einer Gleichstrom-Zu- und -Gegenschaltung. *AM* Arbeitsmotor; *ZM* Zusatzmaschine; *M* Motor.

an den Ankerklemmen des Arbeitsmotors. Damit aber nimmt seine Drehzahl zu. Ist die Zusatzmaschine unerregt, liegt der Arbeitsmotor an der vollen Netzspannng und hat damit die Hälfte seiner Nenndrehzahl erreicht. Nun wird die Zusatzmaschine erneut, aber im entgegengesetzten Sinn wie vorher erregt und liefert nunmehr Strom, wobei die erzeugte Spannung zur Netzspannung hinzugezählt werden muß. Ist die Zusatzmaschine voll erregt, so liegt der Arbeitsmotor an der doppelten Netzspannung und läuft nunmehr mit seiner Nenndrehzahl. Diese Betriebsart setzt voraus, daß die Netzspannung nicht zu hoch ist. Am günstigsten sind 220 Volt. Die Zusatzmaschine braucht nur halb so groß zu sein wie der Arbeitsmotor. Die Genauigkeit der Drehzahländerung hängt einerseits davon ab, daß die Netzspannung möglichst starr ist, andererseits davon, daß der mit der Zusatzmaschine gekuppelte Motor seine Drehzahl unverändert beibehält. Die Zusatzmaschine arbeitet während des zweiten Teiles der Änderung als Generator in Reihe mit dem Netz, wobei die

Hintermaschine M als Motor die mechanische Antriebsenergie zuführt; im ersten
Teil dagegen wirkt die Zusatzmaschine als Motor und treibt die Hintermaschine an,
die nun als Generator Energie ins Netz zurückliefert. Der Gesamtwirkungsgrad
einer derartigen Anlage ist besser, als der eines Leonardsatzes. Wichtig ist, daß
unbedingt darauf geachtet wird, daß die Hintermaschine stets läuft, wenn der Arbeitsmotor und die Zusatzmaschine in Reihe am Netz liegen. Es besteht sonst die
Gefahr, daß die Zusatzmaschine durchgeht. Wird beispielsweise bei einem Betriebszustand, bei dem auf den Arbeitsmotor $^2/_3$ der Netzspannung, auf die Zusatzmaschine $^1/_3$ entfällt, diese also als Motor die Hintermaschine antreibt, letztere vom
Netz getrennt, beschleunigt sich die Zusatzmaschine. Sie selbst ist entlastet, während der von der Belastung des Arbeitsmotors abhängige Ankerstrom noch fließt.
Diese Beschleunigung ergibt ein Absacken der Spannung an den Ankerklemmen
des Arbeitsmotors mit dem Endergebnis, daß der mechanisch belastete Arbeitsmotor schließlich stehen bleibt und der Anker der Zusatzmaschine an der vollen
Netzspannung liegt. Da aber das Feld dieser Maschine gemäß Voraussetzung im
Augenblick der Abschaltung der Hintermaschine nur mit einem Drittel des vollen
Feldes gearbeitet hat, nimmt sie jetzt die dreifache Drehzahl an, was zu einer Gefährdung, wenn nicht Zerstörung des Ma-
schinensatzes führt. Es ist zu beachten,
daß bei anderer Einstellung der Feldwider-
stände noch höhere Drehzahlen auftreten
können.

Ist kein oder kein belastungsfähiges
Gleichstromnetz vorhanden, so kann statt
der soeben geschilderten Gleichstrom-Zu-
und Gegenschaltung die *Drehstrom-Zu-
und Gegenschaltung* angewendet werden.
Wie Abb. 28 zeigt, wird hier der Arbeitsmotor mit einem Konstant- und einem
Hilfsgenerator in Reihe geschaltet. Die
beiden Generatoren, von denen jeder nur
halb so groß wie der Arbeitsmotor ist

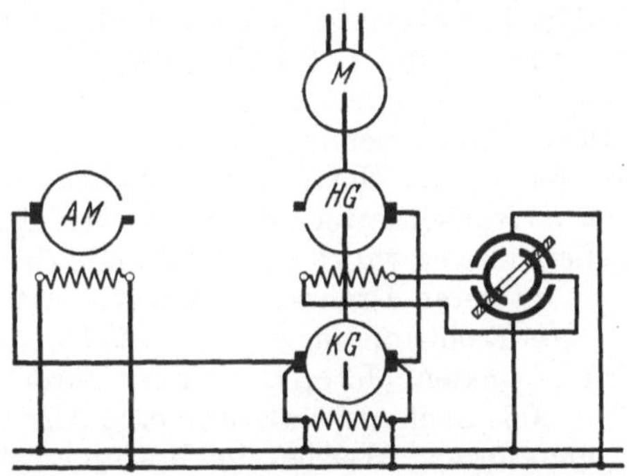

Abb. 28. Grundsätzliches Schaltbild einer Dreh-
strom-Zu- und -Gegenschaltung. *AM* Arbeitsmotor;
HG Hilfsgenerator; *KG* Konstantgenerator; *M* Motor.

und nur die halbe Höchstspannung aufbringen muß, werden durch einen gemein-
samen Drehstrommotor angetrieben. Der Konstantgenerator ist im ganzen Drehzahlbereich als Generator vollbelastet. Der Hilfsgenerator arbeitet im unteren
Bereich als Motor, während er im oberen als Generator die Zusatzspannung erzeugt,
wobei der Energieaustausch mechanisch direkt mit dem Drehstrommotor bewirkt
wird. Ein Durchgehen des Maschinensatzes ist hierbei nicht zu befürchten. Die
Generatoren sind meist für je 220 Volt ausgelegt, wobei der Konstantgenerator
gleichzeitig den Feldstrom für alle drei Maschinen liefert. Die Drehstrom-Zu- und
Gegenschaltung hat gegenüber der Gleichstrom-Zu- und Gegenschaltung den Nachteil, daß statt eines belastungsfähigen Netzes nur eine verhältnismäßig schwache
Konstantmaschine vorhanden ist, die zudem den Feldstrom liefert. Belastungs-
und damit Spannungsschwankungen wirken sich daher sehr leicht auf den Arbeitsmotor aus, was allerdings durch besondere Maßnahmen bis zu einem gewissen Grad
ausgeglichen werden kann. Gleichgültig, ob man beide Generatoren mit Kompen-
sationswicklungen versieht, oder ob man einen besonderen Erregergenerator auf-
stellt, ergeben sich Nachteile entweder hinsichtlich des Betriebes oder des Wirkungsgrades.

b) **Drehzahländerung durch Einwirkung auf den Feldstromkreis.** Hierbei geht man davon aus, daß die Drehzahl eines Neben-

schlußmotors sich im umgekehrten Verhältnis wie die magnetische Dichte B unter den Polen ändert, d. h. daß man durch Herabsetzung der Feldspannung die Motordrehzahl steigern kann (vgl. S. 17). Bei der Feldbeeinflussung nimmt das Drehmoment entsprechend der Drehzahlsteigerung ab, die Leistung bleibt gleich. Bei einer Heraufsetzung der Drehzahl sind nicht nur mechanische, sondern auch elektrische Vorgänge zu beachten. Die höhere Umfangsgeschwindigkeit macht sich besonders an der Wicklung bemerkbar, die entsprechend festgelegt werden muß und am Kollektor, bei dem einerseits die Festigkeitsfrage, andererseits die Stromwendung selbst eine Rolle spielt. Abgesehen von Wendepolen, die selbst bei geringen Drehzahlerhöhungen schon vorhanden sein sollten, ist bei größerem Drehzahlbereich eine Sicherheitskompoundwicklung erforderlich. Je nach der Motorgröße kann man mit einer drei- bis fünffachen Nenndrehzahl als obere Grenze rechnen. Wird ein Drehzahlbereich verlangt, der darüber hinausgeht, so erfolgt die Drehzahlverstellung teils im Anker- und teils im Feldstromkreis. Die Steuerung der Ankerspannung erfolgt bekanntlich bei gleichbleibendem Moment, die der Feldspannung bei gleichbleibender Leistung. Die bei der höchsten Drehzahl erforderliche Leistung muß daher schon bei Beginn der Feldsteuerung verfügbar sein. Je größer der Steuerbereich im Feld, um so schlechter ist die Modellausnützung. Bei einer Steuerung 1 : 3 ist beispielsweise der Arbeitsmotor bei der höchsten Drehzahl nur zu $^1/_3$ ausgenützt. Falls man auf den mechanischen Teil eines Antriebes keine Rücksicht zu nehmen braucht, geht man mit der obersten Drehzahl und damit wieder mit der Nenndrehzahl so hoch wie möglich. Je größer der Drehzahlbereich, um so vorteilhafter ist es, von der Eigenbelüftung zur Fremdbelüftung überzugehen. Diese wirkt sich besonders dann sehr günstig aus, wenn längere Zeit mit der untersten Drehzahl gearbeitet wird.

Als Richtlinie für die verschiedenen Ausmaße der Drehzahländerung kann man bei normalen Motoren je nach ihrer Leistung eine Feldsteuerung um ungefähr 25—50% nach aufwärts und eine Ankersteuerung von etwa 1 : 2 nach abwärts zugrunde legen. Werden die Motoren dafür besonders ausgelegt, so kann eine Feldsteuerung von 1 : 3 als normal, eine solche von 1 : 5 bis 1 : 6 als obere Grenze gewählt werden. Bei einer kombinierten Anker-Feldsteuerung geht man bis 1 : 10, vereinzelt auch bis 1 : 20. Bei Fremdbelüftung kann bei einzelnen Betriebsarten, wie bereits beschrieben, bis zum Stillstand herabgesteuert werden.

c) M e t a d y n e sind Gleichstrommaschinen, die außer den Nutzbürsten noch Hilfsbürsten besitzen, welche eine Ausnützung des Querfeldes ermöglichen. Sie wurden erstmalig von Prof. PESTARINI, Turin, entwickelt und erforscht. Je nach Schaltung sind verschiedene Charakteristiken erreichbar. Man kann an die Hilfsbürsten eine Fremdspannung legen oder wie bei dem PESTARINIschen Metadyne-Generator, einem Konstantstrom-Generator, ein Restfeld ausnützen, das dann die erforderliche Spannung erzeugt, die den gewünschten Strom zur Folge hat. Vor und während des Krieges hat die AEG in Deutschland bereits derartige Konstant-Metadyne-Generatoren verwendet. Die außerordentlich große Vielfalt der Ausführungs- und Anwendungsmöglichkeiten erschwerten die Durchbildung von Standard-Ausführungen und behinderten dadurch eine weitere Verbreitung.

Inzwischen wurden in Amerika zwei besonders hervorragende Eigenschaften durch Abwandlungen stärker betont, der hohe *Verstärkungsgrad* und die verhältnismäßig große *Ansprechgeschwindigkeit*. Die hierbei entwickelte Metadyne-Abart wird mit *Amplidyne* bezeichnet. Ein wesentliches Kennzeichen der Amplidyne besteht in einem Kompensationsfeld in der Längsachse, das durch den Nutzstrom gespeist wird. Dieses Feld nimmt der Maschine weitgehend den Charakter einer Konstantstrommaschine und übernimmt gewissermaßen die Aufgabe des Steuer-

feldes. Dieses selbst schrumpft dadurch auf eine sehr kleine Rest-Amperewindungs-
zahl zusammen, wodurch sich ein Teil der für Verstärkerzwecke günstigen Eigenschaften dieser Maschinen erklärt. Durch zusätzliche Wicklungen ergeben sich
weitere Verbesserungen.

Die Amplidyne kann als ein *Ineinanderbau von zwei Gleichstrommaschinen* auf-
gefaßt werden, von denen die eine, durch ein kleines Feld erregt, ein Ankerfeld erzeugt, das seinerseits zur Erregung des Nutzkreises dient. Da bei Gleichstrommaschinen die erforderliche Erregerleistung je nach Maschinengröße grob gerechnet
$^1/_{100}$ bis $^1/_{20}$ der Nutzleistung beträgt, kommt man bei der Doppelmaschine theoretisch zu einem Verhältnis der Steuer- zur Ausgangsleistung von 1 : 500 bis 1 : 10000.
Da ohne Schwierigkeit zusätzliche Steuerfelder untergebracht werden können, besteht die Möglichkeit, in Abhängigkeit von den verschiedensten Faktoren zu steuern.
Äußerlich unterscheiden sich die Amplidyne-Verstärkermaschinen nur durch eine
größere Anzahl von Anschlußklemmen von normalen Maschinen. Es würde den
Rahmen dieser Druckschrift überschreiten, wenn von diesen äußerst aussichts-
reichen Entwicklungen mehr gebracht würde.

12. Bremsung des Gleichstrom-Nebenschluß-Motors. Abgesehen von den Fällen,
in denen aus Sicherheitsgründen ein Antrieb schnell stillgesetzt werden muß, ist es
bei Umkehrbetrieb wichtig, daß der Motor von der Nenndrehzahl möglichst schnell
zum Stillstand und dann wieder auf die Nenndrehzahl im entgegengesetzten Sinn
gebracht wird. Der Gedanke, durch Umkehrung der Stromrichtung im Anker oder
Feld einen Motor schnell still zu setzen, liegt zwar nahe, ist bei Gleichstrommotoren
jedoch wegen der hohen Ströme, die dann auftreten würden, nicht zu empfehlen.
Würde man zum Bremsen beispielsweise die für das $1^1/_2$fache Moment bemessenen
Anlaufwiderstände verwenden, so würde beim Bremsen das dreifache Moment und
die doppelte Nennspannung auftreten. Beide Werte sind aber in vielen Fällen teils
aus mechanischen, teils aus elektrischen Gründen besonders im Hinblick auf den
Kollektor nicht zulässig. Eine sehr vorteilhafte und je nach den Betriebsbedingungen auch sehr wirtschaftliche Lösung ergibt sich aus der Eigenschaft der Gleichstrommaschinen, daß sie bei entsprechender Schaltung als Stromerzeuger betrieben
werden können. Wird dabei die erzeugte Energie in Widerständen vernichtet, so
spricht man von Kurzschlußbremsung, wird sie in das Gleichstromnetz zurückgeliefert, von Nutzbremsung.

a) Bei der A n k e r k u r z s c h l u ß b r e m s u n g wird beim Bremsen der Anker
vom Netz abgeschaltet und über entsprechend bemessene Widerstände kurzgeschlossen. Das Feld bleibt dabei erregt. Der Motor arbeitet dann als Generator, wobei die
in den umlaufenden Teilen steckende Energie der Bewegung in elektrische umgewandelt und in den Widerständen in Wärme umgesetzt wird. Das Bremsmoment ändert
sich verhältnisgleich mit dem Bremsstrom und dieser wieder bei gleichbleibendem
Widerstand mit der Drehzahl und ist bei Stillstand Null. Es ist verständlich, daß
bei niedrigen Drehzahlen das Bremsmoment so klein ist, daß es praktisch nicht
mehr zur Geltung kommt. Die Ankerkurzschlußbremsung ist demnach für Bremsung bis zum Stillstand des Motors bzw. als Stillstandsbremsung *nicht* geeignet.
Hier muß die mechanische Bremsung ergänzend eingreifen. Um über einen größeren
Bereich hinweg eine stärkere Bremswirkung zu erzielen, kann man die Bremsung
in Stufen vornehmen. Ist der Motor bis zu einem bestimmten Grad abgebremst,
schaltet man einen Teil des Widerstandes ab, so daß sich wieder der ursprüngliche
Bremsstrom und damit auch das entsprechende Bremsmoment ergibt. Soll mit
Rücksicht auf den mechanischen Teil, z. B. Zahnräder, und besonders bei großen
Schwungmassen und großer Geschwindigkeit das Bremsen sanft einsetzen, so legt
man den Bremswiderstand so aus, daß bei der ersten Bremsstufe ein kleines, bei

der zweiten und gegegebenenfalls weiteren Bremsstufen das höchstzulässige Bremsmoment auftritt. Je nach der Energie, die vernichtet werden muß und je nach der
Häufigkeit ist der Widerstand zu bemessen. Dadurch, daß der Widerstand getrennt
vom Motor aufgestellt wird, wird diesem jede unzulässige Erwärmung ferngehalten.
Es muß selbstverständlich darauf geachtet werden, daß die im Widerstand auftretende Erwärmung in ausreichendem Maße abgeführt wird.

Um die Möglichkeiten und Grenzen der Ankerkurzschlußbremsung verständlich
zu machen, seien die Verhältnisse bei einem Hubwerk gezeigt. Gemäß Gl. (13)
(S. 17) ist:

$$n \approx \frac{E}{B} \text{ und } I_a \approx \frac{M_d}{B} \text{ ; mit } E = I_a \cdot R \text{ erhält man dann } n \approx \frac{I_a \cdot R}{B} \approx \frac{M_d \cdot R}{B^2}.$$

Wenn man vom entmagnetisierenden Einfluß des Ankerstromes absieht, ist B
konstant und damit hängt die Senkgeschwindigkeit vom Drehmoment, d. h. von
der im einzelnen Fall gleichbleibenden Last und dem Widerstand ab. Je kleiner
der Widerstand eingestellt wird, um so kleiner wird die Senkgeschwindigkeit. Wird
der äußere Widerstand ganz abgeschaltet, der Anker also kurzgeschlossen, bleibt
immer noch der innere Widerstand des Ankers übrig. Man
kann also durch elektrische Bremsung nie die Drehzahl Null
erreichen.

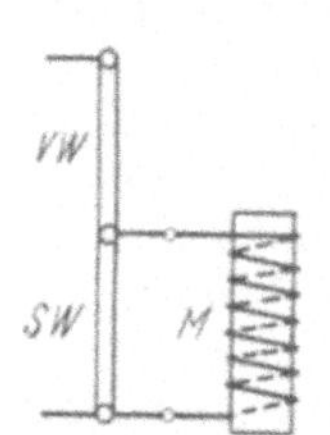

Abb. 29. Gleichstrom-Ne-
benschluß-Bremslüft-
magnet.

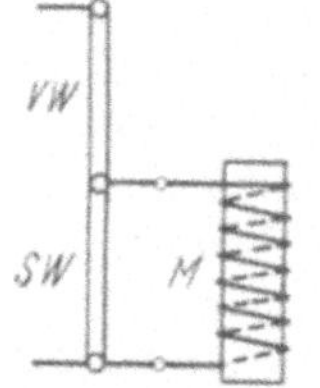

Abb. 30. Schaltschema eines
Gleichstrom-Nebenschluß-
Bremslüftmagneten.
M Magnet; *VW* Vorschaltwd.;
SW Schutzwd.

b) Die **Nutzbremsung** setzt voraus, daß es möglich ist, den Motor von einer Drehzahl, die über seiner Nenndrehzahl liegt, zunächst auf seine Nenndrehzahl herab-
zubremsen. Die Anwendung dieser Bremsart ist in Werkstätten demnach auf die Fälle be-
schränkt, in denen der Motor durch
Feldschwächung auf eine höhere Drehzahl gebracht wurde und von dieser
dann auf Null gebremst oder in seiner
Drehrichtung geändert werden soll. Die
Maschine arbeitet dabei so lange als
Generator, bis die Nenndrehzahl erreicht ist. Die Bremswirkung hängt dabei von der Geschwindigkeit ab, mit
welcher die volle Erregung hergestellt
wird. Die Klemmenspannung eines Ge-
nerators kann mit $E \approx n \cdot B$ angenommen werden. Wenn also eine Motordrehzahl in weiten Grenzen nach oben geändert und plötzlich auf die Nenndrehzahl
zurückgeschaltet wird, können sehr große Überspannungen, wenn auch nur
kurzzeitig, auftreten. Diese können sowohl am Motor, als auch im Netz, in das
der Motor seinen Strom hineinliefert, Schaden anrichten. Man vermeidet dies
durch stufenweises Zurückschalten, wobei die Freigabe der einzelnen Stufen in
Abhängigkeit von der Spannung erfolgen kann. Besonders wichtig ist dies in den
Fällen, in denen als Gleichstromquelle ein Gleichrichter dient, da dieser die elektrische Energie, die bei dieser Bremsart frei wird, nicht ins Drehstromnetz zurück-
liefern kann. Hier muß unter allen Umständen eine Sicherheitseinrichtung vorgesehen werden, die meist aus einem Spannungswächter besteht. Dieser betätigt bei
10% Überspannung ein Schütz und schaltet damit während der Dauer der Überspannung einen Belastungswiderstand parallel zum Anker.

c) **Elektrisch-mechanische Bremsung.** Wie schon bei der
Ankerkurzschlußbremsung erwähnt wurde, ist es bei dieser weder möglich, bis zum

Stillstand herunter zu bremsen, noch bei Vorhandensein eines wenn auch geringen Drehmomentes den Motor festzuhalten. Muß daher ein Motor unbedingt festgebremst sein, ist eine zusätzliche mechanische Bremse erforderlich, die in Gleichstromanlagen am besten durch einen Gleichstrom-Bremslüftmagneten betätigt wird, wie ihn Abb. 29 zeigt. Abb. 30 gibt die gebräuchlichste Schaltung an.

III. Der Drehstrommotor.
A. Synchronmaschinen.

Bei den Drehstrommaschinen unterscheidet man zwischen Synchron- und Asynchronmaschinen. Bei den Synchronmaschinen ist im stillstehenden Teil, dem Ständer, die Drehstromwicklung untergebracht, während im umlaufenden Teil, dem Polrad oder Induktor, die gleichstromgespeiste Magnetwicklung liegt. Bei normalen Maschinen ist sie auf ausgeprägten Polen angeordnet, bei Schnelläufern wird der Induktor meist mit der Welle in einem Stück aus Schmiedestahl hergestellt und die Wicklung in Nuten untergebracht, wobei die Spulenseiten etwa zwei Drittel jeder Polteilung bedecken. Wird die Maschine angetrieben, so arbeitet sie als Generator und gibt einen Strom ab, dessen Frequenz f von Polzahl p und Drehzahl n nach der Gl.:

$$f = \frac{p \cdot n}{120} \tag{14}$$

abhängt. Wird die Maschine von einem vorhandenen Netz gespeist, so arbeitet sie als Motor, wobei sich die Drehzahl nach der gleichen Formel errechnet. In Deutschland ist die Frequenz, von Sonderfällen wie Bahnbetrieb abgesehen, 50 Hz.

Der Synchronmotor, dessen Drehzahl mit der Frequenz „synchron", d. h. in Übereinstimmung ist, hat aber für Antriebe in Werkstätten nur selten Bedeutung und wird deshalb hier nicht näher behandelt.

B. Asynchronmaschinen.

Wie bei der Synchronmaschine ist auch bei der Asynchronmaschine im Ständer die Drehstromwicklung untergebracht. Hinsichtlich der Läuferausführung sind wieder zwei Formen zu unterscheiden, der *Schleifring-* und der *Kurzschlußläufer*. Beim ersten ist in den Läufernuten eine zwei- oder dreiphasige Wicklung untergebracht, die an drei Schleifringe angeschlossen ist, während beim *Kz*-Läufer in den Läufernuten Leiter vorgesehen sind, welche an den Stirnseiten des Läufers durch sog. Kurzschlußringe verbunden werden. Im Gegensatz hierzu besitzt der Läufer bei den Synchronmaschinen ausgeprägte Pole, die ihn mit der gleichen Geschwindigkeit wie das im Ständer umlaufende Drehfeld drehen. Beim Asynchronmotor fehlen diese Pole. Es bildet sich hier nach dem Einschalten zunächst im Ständer ein Feld, das durch Induktionswirkung im Läufer ein entsprechendes Feld erzeugt und, da es umläuft, Ströme in der Läuferwicklung zur Folge hat. Befinden sich aber in einem Feld (Ständerfeld) stromdurchflossene Leiter (Läuferwicklung beim Schleifringläufer oder durch Kurzschlußringe zu einem Käfig verbundene Leiter beim Kurzschlußläufer), so erfahren diese Leiter durch die Kraftlinien des Feldes ablenkende Kräfte, der Läufer beginnt sich zu drehen. Da das Drehmoment nur so lange vorhanden ist, wie die Läuferwicklung Kraftlinien schneidet, kann der Läufer nie ganz so schnell umlaufen wie das Ständerdrehfeld; er dreht sich asynchron (nicht synchron).

Im Gegensatz zum Gleichstrom, der immer in der gleichen Richtung fließt, ändert sich beim Drehstrom die Stromrichtung $2f$ mal in der Sekunde. Bei jedem

Richtungswechsel werden die Eisenteile magnetisiert bzw. ummagnetisiert, weiterhin fließen infolge der Induktion nicht nur in den Drähten, sondern auch im Eisen Ströme, die ebenfalls bei jedem Stromrichtungswechsel ihre Richtung ändern und als Wirbelströme bekannt sind. Beide Erscheinungen haben einen Energieverbrauch zur Folge, den man mit Rücksicht auf den Wirkungsgrad möglichst klein halten muß. Die Ummagnetisierungsverluste — auch Hysteresisverluste genannt — können durch Legieren des Eisens verringert werden; die Wirbelstromverluste verkleinert man durch Unterteilung des Eisenkörpers, indem man hierfür möglichst dünne, mit Papier überzogene Bleche verwendet. Es ist demnach ein Kennzeichen aller Eisenteile, die Wechselstromwicklungen tragen, daß sie aus dünnen Blechen zusammengesetzt sind (daher auch die Anker der Gleichstrommaschinen).

Der Ohmsche Widerstand der Ständerwicklung eines Drehstrommotors ist sehr klein und damit der Einschaltstromstoß sehr groß. Der in der Ständerwicklung fließende Strom hat, wie schon erwähnt, ein Läuferfeld zur Folge, das seinerseits wieder in der Ständerwicklung eine elektromotorische Kraft (EMK) erzeugt, die, abgesehen von den Spannungsverlusten in der Wicklung, der Netzspannung gleich ist. Zwischen Ständerstrom, erzeugtem Drehfeld und hierdurch wieder erzeugter EMK bzw. Netzspannung besteht demnach ein festes Verhältnis. Hat die Läuferwicklung nur Ohmschen Widerstand, so sind die Läuferströme in Phase mit dem von den Ständerströmen erzeugten Feld, sie haben also an den Stellen den höchsten Wert, an denen die Felddichte am größten ist. Das Drehfeld übt auf die Ströme Kräfte aus, die den Läufer solange beschleunigen, bis zwischen Antriebs- und Lastmoment ein Gleichgewichtszustand erreicht ist. Hat die Läuferwicklung nur induktiven Widerstand, so eilt der Läuferstrom der EMK um 90° nach, der Läuferstrom ist dann dort am größten, wo vor einer Viertelperiode die EMK am höchsten war. Der Läufer erfährt keine Triebkraft, denn dort, wo das Feld stark ist, fließt kein Strom und wo Strom fließt, ist kein Feld. In Wirklichkeit hat die Läuferwicklung sowohl Ohmschen, als auch induktiven Widerstand. Überwiegt der Ohmsche Widerstand, so ist das Antriebsmoment kräftig, überwiegt der induktive Widerstand, so ist es gering. Der induktive Widerstand ist verhältnisgleich mit der Frequenz und demnach im Stillstand am größten, bei der Nenndrehzahl am niedrigsten. *Das Drehmoment des Motors ist also trotz des hohen Stromes beim Einschalten gering, im Betrieb hoch.*

13. Drehzahl. Ähnlich, wie beim Gleichstromnebenschlußmotor ist die Drehzahl des Asynchronmotors von der Belastung abhängig. Der Drehzahlunterschied zwischen der synchronen Drehzahl und der tatsächlichen bei Vollast beträgt je nach der Motorgröße etwa 2—7% und ist als Schlupf bekannt. Je kleiner der Motor ist, um so größer ist der Schlupf. Nähert sich die Belastung der sog. *Kipplast*, bei welcher das höchste Moment, das ein Motor aufbringen kann, das Kippmoment, nicht mehr ausreicht, den Läufer in Bewegung zu halten, wird der Schlupf größer, bis der Motor schließlich stehen bleibt. Einen Gleichstrommotor kann man ohne weiteres für die gewünschte Drehzahl bauen, dagegen kann beim Drehstrommotor die synchrone Drehzahl nur durch Änderung der Polzahl den einzelnen Wünschen angepaßt werden, gemäß der Gl. $n = \dfrac{120 \cdot f}{p}$, in der die Frequenz f als feststehend anzusehen ist. Wie die nebenstehende Zahlenreihe erkennen läßt, ergibt dies nur eine sehr grobe Stufung. Als Drehzahlen sind der Einfachheit wegen die synchronen Drehzahlen eingesetzt. Es gibt dann unter gewissen Voraussetzungen noch Möglichkeiten, Zwischendrehzahlen zu erhalten. Diese werden jedoch aus Zweckmäßigkeitsgründen im nächsten Abschnitt behandelt.

$n =$	3000	1500	1000	750	600	500
$p =$	2	4	6	8	10	12

14. Drehzahländerung. a) P o l u m s c h a l t u n g. Eine Drehzahländerung in einem Ausmaß, wie dies bei Gleichstrom möglich ist, läßt sich bei Drehstrom nicht durchführen. Geht man von der in Abschnitt 13 angegebenen Drehzahlgleichung aus, so gibt es zunächst zwei Möglichkeiten, die Änderung von f und p. Die erste wird im Abschnitt 15 „Periodenumformung" behandelt. Die Änderung von p ergibt die im vorigen Abschnitt angegebene grobe Drehzahlstufung. Bei dieser sogenannten Polumschaltung kann man den Motor entweder mit einer umschaltbaren Wicklung versehen oder man wählt für jede Drehzahl eine eigene Wicklung, wobei man aber aus Gründen der Modellausnützung nicht über zwei Wicklungen geht. Schließlich kann man beide Ausführungen gleichzeitig anwenden. Bei den umschaltbaren Wicklungen ist die *Dahlanderschaltung* die gebräuchlichste. Bei der Dahlanderschaltung ergeben sich zwei Drehzahlen, die sich wie 1:2 verhalten. Die einzelnen Polzahlverhältnisse sind: 4/2, 8/4, 12/6. Bei getrennten Wicklungen und zwei Drehzahlen sind die gebräuchlichsten Drehzahlverhältnisse: 6/4, 8/6, bei drei Drehzahlen: 8/6/4, 8/4/2, 12/8/6 und bei vier Drehzahlen: 12/8/6/4. Darüber hinaus wurden auch polumschaltbare Wicklungen für andere Verhältnisse entwickelt, doch sind dann meist die Schaltgeräte infolge großer Kontaktzahlen umständlich im Aufbau und dadurch zu teuer. Für Fernschaltungen sind derartige Motoren aus wirtschaftlichen Gründen ungeeignet. Je nachdem, ob eine oder zwei Wicklungen vorhanden sind und wie diese ausgeführt werden, muß der zugehörige Polumschalter ausgebildet sein, oder aber wie man sagt, muß seine Abwicklung aussehen. Es genügt demnach bei der Bestellung eines Polumschalters nicht, wenn man — abgesehen von der Spannung und Leistung — beispielsweise angibt, der zugehörige Motor sei 8/4/2 polig mit zwei getrennten Wicklungen, da dann noch nicht gesagt ist, ob die polumschaltbare Wicklung 8/4 oder 4/2 polig ausgeführt ist. Man kann nicht genug darauf hinweisen, daß besser zu viel, als zu wenig Angaben gemacht werden. Es gehört nicht in diesen Abschnitt, doch dürfte der Hinweis für manche Fälle angebracht sein, daß beim Zurückschalten polumschaltbarer Motoren auf eine niedrigere Drehzahl eine beträchtliche Bremswirkung mit allen damit verbundenen, manchmal unangenehmen Erscheinungen auftreten kann, besonders, wenn es schnell erfolgt und große Schwungmassen vorhanden sind.

b) S c h l e i f r i n g l ä u f e r. Eine andere Möglichkeit, die Motordrehzahl zu ändern, besteht darin, daß man bei Schleifringläufern die Läuferwicklung über die Schleifringe an Widerstände anschließt. Eine genaue Beschreibung und Ableitung der einschlägigen Gleichungen setzt eine Erklärung des *Heylanddiagrammes* voraus, auf Grund dessen dann die Einzelheiten verständlich gemacht werden können. Da dies über den

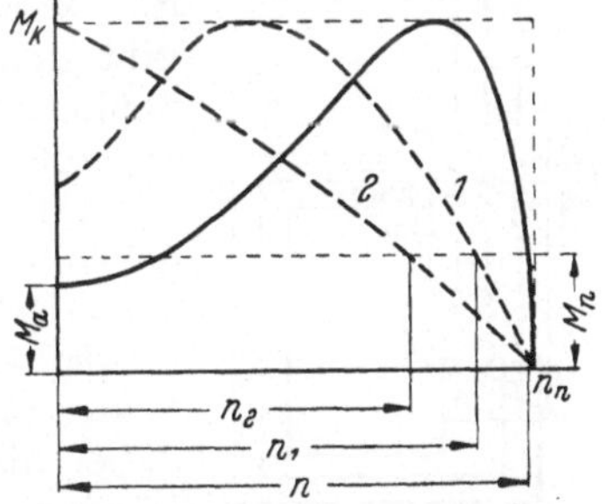

Abb. 31. Drehmomentenlinien von Schleifringläufern bei verschiedenen Läuferwiderständen. n_n Nenndrehzahl (Normaldrehzahl); M_n Nennmoment (Normalmoment); M_a Anlaufmoment; M_K Kippmoment.

Rahmen dieser Schrift hinausgeht, sei für den, der sich eingehender mit elektrischen Fragen beschäftigen will, auf die einschlägigen Bücher verwiesen. Es muß daher nachstehend verschiedenes als gegebene Tatsache hingenommen werden. Abb. 31 zeigt Drehmomentenlinien bei verschiedenen Läuferwiderständen. Ist kein zusätzlicher Läuferwiderstand vorhanden, erhält man die ausgezogene Kurve, bei Widerstand „1" die Kurve 1. Je mehr Widerstand in den Läuferkreis geschaltet wird, um so mehr verschiebt sich die Drehmomentenlinie nach links und damit ihr Schnittpunkt mit der Nennmomentenlinie, der die Drehzahl n, n_1, n_2 beim Nennmoment M_n angibt. Man kann also durch Zuschalten geeigneter Widerstände an die Schleifringe zu jedem Drehmoment bis höchstens zur Größe des Kippmomentes M_K jede beliebige Drehzahl zwischen der unbeeinflußten Drehzahl n_n und 0 einstellen. Durch die zugeschalteten Widerstände wird ein zusätzlicher Schlupf herbeigeführt. Dabei ist zu beachten, daß außer der an der Welle abgegebenen mechanischen Leistung die große Wärmeleistung in dem angeschalteten Widerstand ebenfalls als elektrische Energie aus dem Netz zugeführt werden muß. Diese Wärmeleistung ist für den Antrieb verloren. Es liegen ähnliche Verhältnisse vor, wie beim Einschalten von Widerständen in den Ankerstromkreis von Gleichstrommotoren.

Es war bisher vorausgesetzt worden, daß der Motor normal belastet ist und demnach auch den normalen Ständerstrom aufnimmt, dem seinerseits wieder der normale Läuferstrom entspricht. Ändert sich aber die Belastung, so ändern sich zwangsläufig sämtliche Werte einschließlich der Drehzahl. Die Drehzahländerung der Drehstrommotoren durch Einschalten von Widerständen im Ankerstromkreis hat also die gleichen Nachteile wie bei den Gleichstrommotoren und besonders auch den, daß sie belastungsabhängig ist. Auch hier ist zu berücksichtigen, daß bei niedrigerer Drehzahl die Belüftung schlechter wird und der Motor dementsprechend geringer belastet werden darf. Bei Eigenbelüftung der Motoren geht man selten über eine Drehzahlherabsetzung um 50% hinaus, wobei dann die Belastungsfähigkeit infolge der schlechteren Belüftung nur noch etwa 40% der normalen ist.

In manchen Fällen, die sich im allgemeinen auf Hebezeuge beschränken, wie auf Gießereikrane, Krane für Härtebäder und. dgl., genügt es, wenn die Drehzahl kurzzeitig auf $^1/_5$ der normalen herabgesetzt werden kann. Eine einfache Lösung ergibt hier die sog. *Eldro-Regelbremssteuerung*, bei welcher Eldrogeräte (s. Abschn. 17c) je nach Stellung der Steuerwalze an den Läufer des Motors oder an das Netz direkt angeschlossen werden. Im ersten Fall ergibt sich dann unabhängig von der Belastung eine Drehzahl, die etwa 20% der normalen beträgt, während im zweiten Fall der Motor mit der Normaldrehzahl läuft.

c) **Drehstromkollektormotor.** Der vorhergehende Abschnitt hat gezeigt, daß die Beeinflussung der elektrischen Werte des Läufers eine Drehzahländerung ermöglicht. Schließt man nun die Läuferwicklung nicht an Widerstände, sondern an die Ständerwicklung und ersetzt dabei die Schleifringe durch einen Kollektor, an den die Läuferwicklung ähnlich wie bei Gleichstrommotoren angeschlossen ist, so erhält man die Grundform des Drehstrom-Kollektormotors. Mit Rücksicht darauf, daß man die Spannung am Kollektor möglichst klein halten will, wird zwischen Ständer- und Läuferwicklung meist ein Transformator geschaltet. Die Bürsten können bei derartigen Motoren verstellt werden.

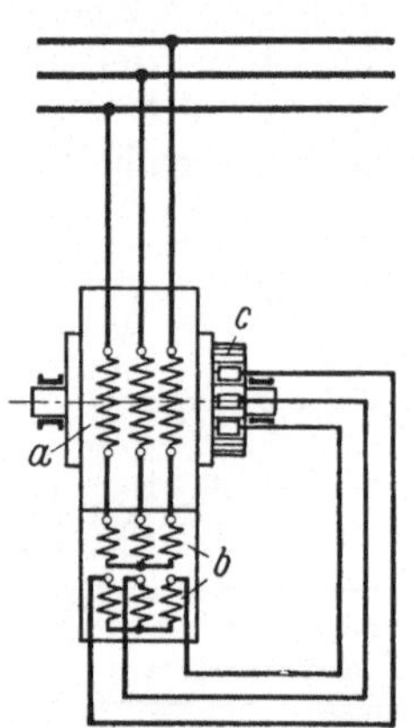

Abb. 32. Schaltschema eines Drehstrom-Reihenschluß-kollektormotors. *a* Ständerwicklung; *b* Zwischen-Transformator; *c* Läufer.

Abb. 32 zeigt die grundsätzliche Schaltung des *Reihenschluß-Kollektormotors*. Bei ihm sind die Ständer- und Läuferwicklung so hintereinandergeschaltet, daß sie gleichsinnig umlaufende Drehfelder erzeugen. Ist die Bürstenstellung so, daß die Durchflutung von Ständer- und Läuferwicklung in jedem Augenblick in der gleichen Richtung wirkt, so entsteht zwar ein starkes Drehfeld, das aber symmetrisch zu den Strömen liegt. Ein Drehmoment kann daher nicht entstehen. Das Drehfeld erzeugt dabei eine Gegenspannung, die fast so groß, wie die Netzspannung ist.

Der Motorstrom ist dabei gering. Verstellt man die Bürsten nun um 180°, so daß in jedem Augenblick die Stromrichtungen im Läufer und Ständer entgegengesetzt sind, so heben sich bei gleicher Durchflutung von Läufer und Ständer die Stromwirkungen gegenseitig auf, es kann, abgesehen von Streufeldern, die der einfacheren Darstellung wegen hier vernachlässigt werden, kein Feld entstehen. Ohne Feld kann der Motor auch kein Drehmoment entwickeln. Der Motorstrom wird sehr hoch und entspricht dem Kurzschlußstrom. In allen Zwischenstellungen ergibt sich aus der Durchflutung von Läufer und Ständer ein resultierendes Feld, das in Verbindung mit den Läuferströmen ein Drehmoment entgegen der Bürstenverstellung hervorruft. Ein großer Nachteil dieser Motorausführung besteht darin, daß diese Motoren wie alle Reihenschlußmotoren in unbelastetem Zustand zum Durchgehen neigen. Es ist deshalb sehr vorteilhaft, daß die Drehstrom-Kollektormotoren auch mit Nebenschlußcharakteristik gebaut werden können.

Der *Drehstrom-Nebenschluß-Kollektormotor* wird teils mit Ständer- teils mit Läuferspeisung gebaut, Bei der *Ständerspeisung* trägt der Ständer zwei Wicklungen, von denen die netzgespeiste Wicklung als Primärwicklung, die zweite als Hilfswicklung arbeitet. Das von der Primärwicklung induzierte Feld ist stets gleich. Die Hilfswicklung ist entweder über verstellbare Bürsten mit der Sekundärwicklung direkt verbunden, wie dies beim SCHRAGE-Motor der Fall ist, oder es wird, wie beim WINTER-EICHBERG-Motor, ein Potentialregler zwischengeschaltet (Abb. 33). Bei diesem Motor sind die Läuferwicklung und der Kollektor wie bei dem Reihenschlußmotor durchgebildet. Der Potentialregler entspricht im Grunde genommen einem normalen Drehstrom-Schleifringläufer, dessen Anker zwar festgehalten, aber hinsichtlich seiner Lage zum Ständer um etwa 360 elektrische Grade verstellbar ist.

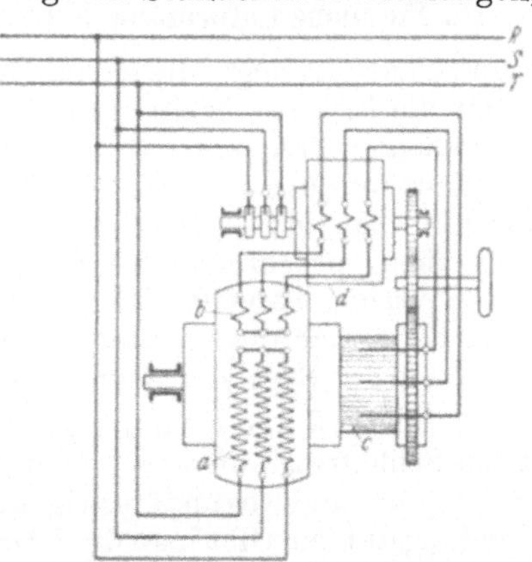

Abb. 33. Schaltschema eines Drehstrom-Nebenschlußkollektormotors. a Ständerhauptwicklung; b Ständerhilfswicklung; c Läufer; d Potentialregler.

Die Ankerwicklung des Potentialreglers ist mit der Ständerwicklung des Motors verbunden und dient als Primärwicklung. Die in der Sekundärwicklung des Potentialreglers induzierte Spannung bleibt zwar während des Regelns größenordnungsmäßig gleich, doch ändert sich mit der Winkellage des Ankers ihre Phasenlage gegenüber der vorerwähnten Hilfswicklung des Motors. Die geometrische Summe beider Spannungen ergibt die dem Kollektor zugeführte Läuferspannung des Motors. Durch Drehen des Potentialreglers um 360 elektrische Grade wird diese Summenspannung stufenlos von einem Höchstwert, welcher der niedrigsten Drehzahl zugeordnet ist, über Null, wo der Motor mit seiner Synchrondrehzahl läuft, wieder bis zu einem Höchstwert geregelt, bei dem der Motor seine Höchstdrehzahl erreicht. Der schnellere oder langsamere Lauf wird dadurch erreicht, daß gleichzeitig mit der Verstellung des Potentialreglers die Bürstenstellung zwangsläufig mitgeändert wird. Je nach der Stellung der Bürsten ist die dem Anker aufgedrückte Spannung mit der vom Ständerfeld induzierten Spannung in Phase (übersynchroner Lauf) oder in Gegenphase (untersynchroner Lauf). Im Grunde genommen hat man also bei dieser Motorart die gleichen Verhältnisse, wie bei einem Gleichstrommotor in Leonard- oder in Zu- und Gegenschaltung, d. h. bei gleichbleibendem Fluß wird eine veränderliche Läuferspannung zugeführt. Auf weitere Einzelheiten soll nicht eingegangen werden, weil diese für das Verständnis der Wirkungsweise unerheblich sind. Die Drehstrom-Nebenschluß-Kollektormotoren können für einen Drehzahlbereich von etwa 1:3 bis 1:5 vorgesehen werden. Zu beachten ist, daß aus Kommutierungsgründen die oberste Drehzahl die Synchrondrehzahl möglichst nicht um mehr als 50 % überschreiten soll. Werden höhere Drehzahlbereiche verlangt, oder ist Gleichstrom vorhanden, hat die Verwendung derartiger Motoren keinen Zweck. In diesen Fällen benutzt man steuerbare Gleichstrommotoren, gegebenenfalls in Verbindung mit Drehstrom-Gleichstrom-Umformung. Kollektormotoren sind verhältnismäßig teuer. Man darf nicht vergessen, daß es sich bei ihnen streng genommen um Zwei-Maschinensätze handelt — Motor und Potentialregler. Als Antriebe von Werkzeugmaschinen waren sie vor dem Krieg hauptsächlich bei Radsatzdrehbänken zu finden. Infolge der Kriegs- und Nachkriegsverluste war die Herstellung derartiger Motoren zeitweise zurückgestellt worden. Sofern Gleichstromantrieb ausscheidet, behilft man sich mit polumschaltbaren Motoren.

15. Frequenzumformung[1]. In der Gl. $n = \dfrac{120 \cdot f}{p}$ ist die Frequenz f enthalten. Wenn es also gelingt, die einem Motor zugeführte Frequenz zu ändern, kann man damit die Motordrehzahl ebenfalls ändern. Die vorhandenen Netze besitzen eine feststehende Frequenz, die in Deutschland 50 Hertz beträgt. Man kann diese Frequenz umformen. Die *Umformung mittels gesteuerter Röhren* ist technisch durchführbar, jedoch im Augenblick besonders im Hinblick auf geeignete Röhren noch nicht spruchreif, soweit es sich dabei um die Umformung zum Zwecke der Motorspeisung handelt. Für diesen Zweck bedient man sich in einigen Sonderfällen der Synchrongeneratoren mit Antriebsmotoren, deren Drehzahl veränderlich ist, und in der Regel der Asynchrongeneratoren, die nachstehend behandelt werden.

a) **Induktionsumformer.** Bremst man einen gewöhnlichen Drehstrom-Schleifringläufer fest, so entspricht er einem Transformator. Die Frequenz ist primär- und sekundärseitig gleich, die Spannungen verhalten sich wie die Windungszahlen. Gibt man den Läufer frei und sorgt dafür, daß er mit der synchronen Drehzahl läuft, so wird die Läuferwicklung nicht von Kraftlinien geschnitten, es wird keine Spannung induziert, d. h. an den Läuferklemmen ist die Spannung und auch die Frequenz null. Treibt man den Läufer im Sinne des Drehfeldes so schnell an, daß er doppelt so schnell wie das Drehfeld umläuft, so wird die Klemmenspannung wieder gleich der Stillstandsspannung, die Frequenz gleich der Netzfrequenz. Für diesen sog. *Mitfeldbetrieb* gilt demnach die Gl.

$$f_2 = f_1 - \frac{n_g \cdot p_g}{120}, \tag{15}$$

darin bedeutet n_g die Antriebsdrehzahl des *Induktionsumformers*, wie man derartige Maschinen nennt, und p_g seine Polzahl. Beim Mitfeldbetrieb unterscheidet man die untersynchrone Frequenzumformung zwischen $n = 0$ und $n =$ synchron und die übersynchrone bei darüberliegenden Drehzahlen. Die letzte Form ist ungebräuchlich.

Geht man den umgekehrten Weg und treibt den Läufer der Maschine vom Stillstand aus entgegen dem Drehfeld an, so hat man bei der synchronen Drehzahl des Induktionsumformers zwischen Ständerdrehfeld und Läuferwicklung bereits die doppelte Relativgeschwindigkeit. Daraus folgert auf Grund der bisherigen Überlegungen, daß auch die doppelte Spannung und doppelte Frequenz an den

---

[1] Vergleiche Werkstattbuch Heft 84: F. BEINERT und H. BIRETT, Hohe Drehzahlen durch Schnellfrequenzantrieb.

Schleifringen auftreten muß. Bei diesem sog. *Gegenfeldbetrieb* ändert sich die Frequenzgleichung in

$$f_2 = f_1 + \frac{n_g \cdot p_g}{120} \, . \qquad (16)$$

In der Werkzeugmaschinenindustrie ist nur der Gegenfeldbetrieb üblich. Wird der Induktionsumformer durch einen Motor mit der Polzahl p_m angetrieben, der am gleichen Netz wie der Umformer liegt, so kann man $n_g = n_m = \dfrac{120 \cdot f_1}{p_m}$ setzen und erhält damit aus Gl. (16):

$$f_2 = f_1 \left(1 + \frac{p_g}{p_m} \right). \qquad (17)$$

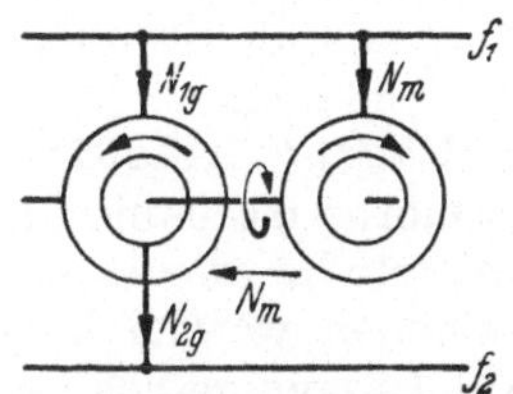

Abb. 34. Gegenfeldbetrieb (Frequenzerhöhung).

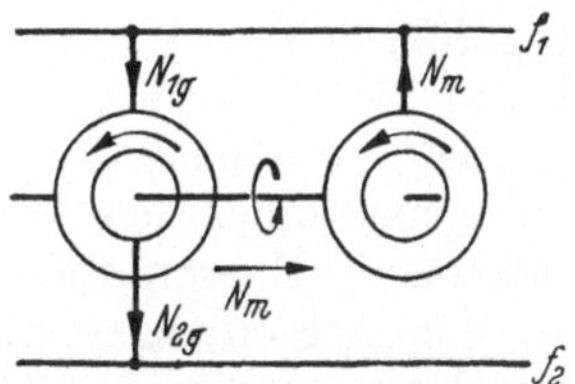

Abb. 35. Untersynchroner Mitfeldbetrieb (Frequenzerniedrigung), Motor gibt seinen Bremsstrom an das Primärnetz.

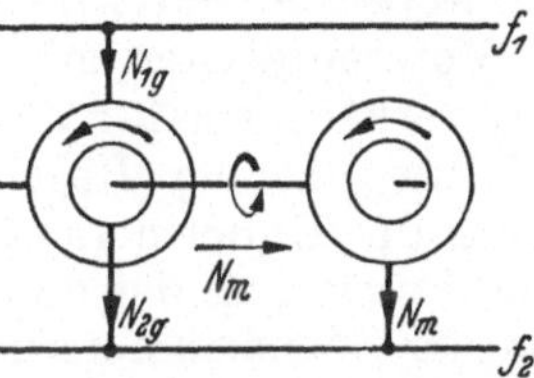

Abb. 36. Untersynchroner Mitfeldbetrieb (Frequenzerniedrigung), Motor gibt seinen Bremsstrom an das Sekundärnetz.

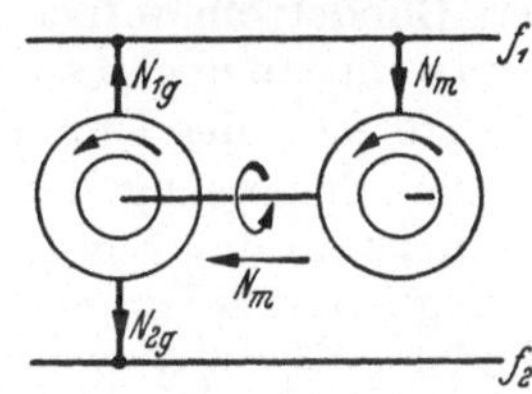

Abb. 37. Übersynchroner Mitfeldbetrieb (Frequenzerhöhung).

Abb. 34—37. Induktionsumformer. f_1 Primärfrequenz; f_2 Sekundärfrequenz; N_m Leistung des Motors; N_{1g} Leistung des Generators bezogen auf Primärnetz; N_{2g} Leistung des Generators bezogen auf Sekundärnetz.

Führt man einem Tranformator elektrische Energie zu, so kann man — abgesehen von den Verlusten — an den Sekundärklemmen die gleiche Energie wieder entnehmen. Bei der Widerstandsregelung von Schleifringläufern wird die zugeführte elektrische Energie teils in mechanische umgewandelt, die an der Welle abgenommen wird, teils als elektrische Energie über die Schleifringe Widerständen zugeführt und dort vernichtet. Beim Generator wird dem Läufer mechanische Energie zugeführt und diese dann in elektrische umgewandelt. Beim Induktionsumformer finden wir je nach dem Betriebszustand alle diese Energiewandlungen. In den Abb. 34 bis 37 sind die grundsätzliche Schaltung, der Energiefluß und das Verhältnis von Drehfeld- und Antriebsrichtung in den einzelnen Fällen gezeigt, in Abb. 38 die Zusammenhänge zwischen der mechanischen Leistung (N_m), der primären elektrischen Leistung (N_{1g}) und der sekundären (N_{2g}).

Beim *Gegenfeldbetrieb* (Abb. 34) wird dem Läufer des Induktionsumformers über den Antriebsmotor mechanische Energie, dem Ständer elektrische zugeführt, die Summe beider in Form von elektrischer Energie dem Läufer an den Schleifringen wieder entnommen. Das Ständerdrehfeld des Induktionsumformers ist dabei entgegengesetzt dem des Motors und damit auch der Läuferdrehrichtung geschaltet.

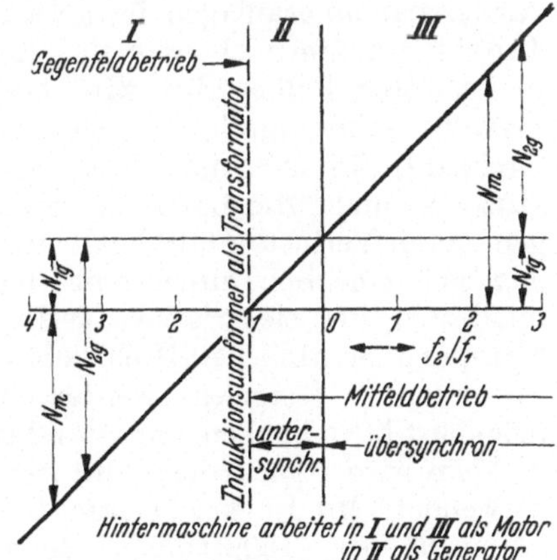

Abb. 38. Leistungsübersicht für die Umformungsarten der Abb. 34 bis 37.

Beim *untersynchronen Mitfeldbetrieb* (Abb. 35 u. 36) treibt der Motor den Induktionsumformer nicht mehr an, sondern muß ihn sozusagen bremsen. Demgemäß wird dem Induktionsumformer ständerseitig elektrische Energie zugeführt, die dann zum Teil an den Schleifringen wieder in Form von elektrischer Energie entnommen werden kann, während der Rest als mechanische Leistung dem Motorläufer und dann vom Ständer des Motors als elektrische Energie wieder dem Netz zugeführt wird. In diesem Fall sind die Ständerwicklungen so geschaltet, daß die Drehfelder im gleichen Sinne umlaufen.

Beim *übersynchronen Mitfeldbetrieb* (Abb. 37) wird dem Läufer des Induktionsumformers über den Antriebsmotor mechanische Energie zugeführt, die dann als elektrische Energie teils vom Ständer wieder ins Netz zurückgeliefert wird, teils an den Schleifringen abgenommen werden kann. Die Wicklungen von Motor und Umformer sind dabei gleichsinnig geschaltet. Bei allen diesen Überlegungen ist, da dies für die grundsätzlichen Betrachtungen ohne Bedeutung ist, nicht berücksichtigt worden, daß unbeschadet des Energieflusses Motor und Umformer stets Blindstrom aufnehmen, wobei der Induktionsumformer auch den Blindstrom der an ihn angeschlossenen Motoren decken muß. Die Folge davon ist, daß der primäre $\cos \varphi$ des Umformers verhältnismäßig niedrig ist. Es hat dies Bedeutung bei der Bemessung der Schalter. In der Regel wird der Strom abweichender Frequenz an den Schleifringen des Umformers abgenommen, jedoch ist es genau so möglich, den Umformer läuferseitig an das 50periodige Netz anzuschließen und ständerseitig die abweichende Frequenz zu liefern. Diese Ausführung wird nur da gewählt, wo im Sekundärnetz ein geerdeter Nullpunkt verlangt wird. Bei kleineren Maschinen ergeben sich dabei einige Nachteile, die eine Leistungsherabsetzung beim Umformer bedingen. Man geht daher ohne zwingende Gründe nicht von der Ständerspeisung ab.

b) S p a n n u n g s ä n d e r u n g. *Bei der Frequenzumformung ändert sich die Spannung im gleichen Verhältnis wie die Frequenz.* Gibt also eine Maschine Strom doppelter Frequenz ab, so hat sich demnach auch die Spannung verdoppelt. Es ist dies von großer Bedeutung, wenn ein Motor mit verschiedenen Frequenzen betrieben werden soll. Die niedrigste Spannung, an die ein Motor angeschlossen werden kann, ist durch die Auslegung, die höchste durch die Vorschriften für Niederspannungsanlagen festgelegt. Durch Umschalten der Motorwicklung von Dreieck auf Stern ist zwar eine Erweiterung des Spannungsbereiches gegeben, in den meisten Fällen aber wird bei hohen Drehzahlen die Grenze des Drehzahlbereiches schon durch die mechanischen Einflüsse gezogen (s. Abschn. 3: kritische Drehzahl). Mit steigender Frequenz wachsen die elektrischen Verluste eines Motors. Hinzu kommen die Luftreibungsverluste durch die Lüfterflügel. Bei den zuletzt genannten Verlusten hilft man sich dadurch, daß die Flügel so bemessen werden, daß sich eine im Durchschnitt möglichst günstige Belüftung ergibt. Zur Verminderung der elektrischen Verluste setzt man mit zunehmender Frequenz die Spannung herab. Bei Drehzahländerung muß selbstverständlich auch hier die Spannung so festgelegt werden, daß bei der höchsten Frequenz die Verluste möglichst klein bleiben, ohne daß bei der niedrigsten das An- und Hochlaufmoment zu klein wird. Außerdem wird für hochdrehzahlige Motoren verlustärmeres Blech verwendet. Mit Rücksicht darauf, daß vielfach Motoren sowohl an das 50 als auch an ein 75 bzw. 100periodiges Netz angeschlossen werden sollen, haben sich für 75 Hertz 285 Volt, für 100 Hz 380 Volt als Normalspannungen herausgebildet. Bei allen nachfolgenden Überlegungen ist vorausgesetzt, daß die mechanische Eignung vorliegt. Ein Motor, der für 220 Volt, 50 Hz gewickelt ist, kann ohne weiteres an 285 Volt, 75 Hz bzw. 380 Volt, 100 Hz angeschlossen werden, gegebenenfalls auch noch an 475 Volt, 125 Hz, ohne die Wicklung umzuschalten. Ist verlustarmes Blech verwendet worden, so ist die Leistungssteigerung gegenüber 50 Hz bei 75 Hz etwa 30%, bei 100 Hz etwa 70% und bei 125 Hz etwa 100%. Bei normalem Blech sind die entsprechenden Werte etwa 20% bei 75 und 50% bei 100 Hz. Ein Anschluß an 125 periodigen Strom hat unter allen Umständen die Verwendung von Spezialmotoren zur Voraussetzung. Wie vorstehend angegeben, ist es zulässig, einen Motor, der für 220 Volt, 50 Hz gewickelt ist, ohne weiteres an 380 Volt, 100 Hz anzuschließen. Hat das vorhandene 50periodige Netz 220 Volt Spannung, so kann dieser Motor, gleichgültig ob er in Stern oder Dreieck geschaltet ist, wahlweise an das 50- oder an das 100periodige Netz angeschlossen werden. Hat das 50periodige Netz dagegen 380 Volt Spannung, so muß der Motor für 220/380 Volt ausgelegt sein und kann dann in Sternschaltung mit 380 Volt, 50 Hz bzw. in Dreieckschaltung mit 380 Volt, 100 Hz betrieben werden. Bei 500 Volt-Netzen müssen die Spannungen bei 75 Hz in 380 Volt, bei 100 Hz in 500 Volt geändert werden. Der Motor wird dann bei 50 Hz in Stern, bei den höheren Frequenzen in Dreieck geschaltet. Bei Induktionsumformern ist noch zu beachten, daß ihre Spannung belastungsabhängig ist. Man kann ungefähr mit einem Spannungsabfall zwischen Leerlauf und Vollast von etwa 15% rechnen. Bei größeren Motoren spielt dies kaum eine Rolle, um so mehr aber, wenn an einem großen Umformer viele kleine Motoren angeschlossen werden und mit großen Belastungsschwankungen gerechnet werden muß. Bei Hochfrequenzwerkzeugen sind beispielsweise Spannungsschwankungen über etwa 7,5% unerwünscht.

c) **Stufenlose Frequenzänderung** setzt einen stufenlos verstellbaren Antriebsmotor des Induktionsumformers voraus. Eine derartige Lösung ist für gewöhnliche Verhältnisse unwirtschaftlich. Man begnügt sich daher mit Frequenzstufen. Ob man den Arbeitsmotor mit einer Polzahl ausführt und mehrere Frequenzen vorsieht, oder ob man außer dem 50periodigen noch ein Netz höherer Frequenz schafft und den Motor dann polumschaltbar wählt, ist eine Frage der Zweckmäßigkeit, die nur von Fall zu Fall entschieden werden kann. Es wird im übrigen viel zu wenig davon Gebrauch gemacht, daß man *an höherperiodige Netze*, genau so wie an 50periodige, *Motoren verschiedener Polzahl anschließen* kann.

d) **Bei der Wahl der Umformergröße** spielt, besonders wenn nur ein oder einige Motoren an ihn angeschlossen werden, vielfach weniger die Dauerbelastung, als die beim Anlauf und Hochlauf eine Rolle. Hohe Belastung hat großen Spannungsabfall zur Folge und dieser wieder eine Herabsetzung des Motormomentes. Beim Hochlauf von Motoren kann dies, besonders wenn die Hochlaufcharakteristik des Motors eine Einsattlung aufweist, ein schleichendes Hochlaufen bewirken. Je höher die Betriebsdrehzahl ist, um so mehr muß hierauf geachtet werden, da der Fall eintreten kann, daß die kritische Drehzahl darunter liegt und bei zu langsamem Durchlaufen derselben Zerstörungen auftreten. Das trifft z. B. bei Spinntopfmotoren zu und muß bei der elektrischen und mechanischen Durchbildung des Motors und der mit ihm verbundenen Teile berücksichtigt werden. Sind mehrere Motoren an einen Umformer angeschlossen, so schaltet man zuerst den größten, zuletzt den kleinsten ein und verwendet dabei, falls das Hochlaufmoment ausreicht, Stern-Dreieckschalter. Beim Einschalten von Periodenumformern muß der Antriebsmotor stets zuerst eingeschaltet werden. Es ist dies besonders wichtig bei Umformern zur Erzeugung von 75periodigem Strom. Hier ist der Antriebsmotor vierpolig, der Umformer aber nur zweipolig, könnte also durch Ansteigen der Drehzahl auf 3000 U/min gefährdet werden.

16. Sonstige Drehzahl-Verstellmöglichkeiten. Wie man sieht, haben alle bisher geschilderten Verfahren mehr oder weniger große Nachteile, sobald ein größerer Drehzahlbereich, feinstufige Änderung oder sogar beide gleichzeitig verlangt

werden. Sieht man von mechanischen oder hydraulischen Getrieben[1] ab, deren
Behandlung nicht in den Rahmen dieser Schrift gehört, so bleibt nur die Umformung
des Drehstroms in Gleichstrom. Am gebräuchlichsten ist dann der Leonardantrieb,
der auf S. 21 behandelt wurde, oder die seltenere Drehstrom-Zu- und Gegenschaltung (S. 23). Bei kleineren Leistungen und bei Hilfsantrieben wird immer
häufiger ein regelbarer Gleichstrommotor in Verbindung mit einem Trockengleichrichter vorgesehen.

17. Bremsung von Drehstrommotoren. Sobald es nach dem Abschalten eines
Drehstrommotors notwendig ist, seine Welle daran zu hindern, daß sie sich noch
weiterdreht, ist es genau wie beim Gleichstrommotor erforderlich, zusätzliche
mechanische Mittel zur Bremsung heranzuziehen. Diese mechanischen Bremsen
werden ihrerseits wieder durch elektrische Geräte betätigt, wobei für geringe
Bremsleistungen und nicht zu große Bremshäufigkeit Bremslüftmagnete, in allen
anderen Fällen das auf S. 37 genauer behandelte Eldrogerät am vorteilhaftesten
ist. Der Drehstrommotor selbst wird meistens durch Gegenstrom oder, wie es
immer häufiger der Fall ist, durch Gleichstrom abgebremst, der nach dem Abschalten vom Netz der Ständerwicklung zugeführt wird. In einigen Sonderfällen
nützt man die Bremswirkung aus, die bei polumschaltbaren Motoren beim Zurückschalten auf eine höhere Polzahl auftritt. Vereinzelt wird auch das mit dem
Kurzschlußanker verbundene Gleichfeld zur Erzeugung einer Bremswirkung
herangezogen.

a) Gegenstrombremsung. Schaltet man einen Drehstrommotor ab,
so läuft er infolge der in den umlaufenden Teilen steckenden Energie oder der sonst

Abb. 39. Motor mit angebautem
Alni-Bremswächter.

einwirkenden Kräfte mehr oder weniger lange aus.
Wird der Motor dann mit vertauschten Phasen
wieder eingeschaltet, so versucht er in der entgegengesetzten Drehrichtung hochzulaufen, wodurch die Zeit, die sonst zum Erreichen des Still-
standspunktes nötig ist, auf wenige Perioden be-
schränkt wird, mit anderen Worten, es tritt eine
starke Bremswirkung auf. Bei Handbedienung behilft man sich dadurch, daß der Schalter in der
Bremsstellung eine Rückschnellfeder erhält, welche
beim Loslassen des Schalters diesen sofort wieder
in seine Nullstellung zurückführt. Die Genauigkeit des Abschaltens hängt hier von der Aufmerk-
samkeit und Geschicklichkeit des Arbeiters ab. Besteht Gefahr, daß bei unbeabsich-
tigtem Hochlauf in entgegengesetzter Drehrichtung Werkzeuge u. dgl. beschädigt
werden, so ist selbsttätige Abschaltung unerläßlich. Das zuverlässigste Gerät in Verbindung mit einem Umkehrschütz ist der *Alni-Bremswächter* (Abb. 39). Dieses Gerät
besteht aus einem Dauermagneten und einem Kurzschlußkäfig, wobei der Dauermagnet mit der Motorwelle verbunden ist und sich in dem ebenfalls drehbar ge-
lagerten Kurzschlußkäfig dreht. Mit dem Käfig ist eine Kontaktvorrichtung verbunden. Läuft der Motor, so wird durch das Kraftfeld des Dauermagneten der
Käfig mitgenommen und dadurch die Kontakteinrichtung betätigt. Beim Bremsen
ist kurz vor dem Stillstand des Motors das Drehmoment, welches der Dauermagnet
ausübt, nicht mehr ausreichend, um den Kurzschlußkäfig mitzunehmen und dieser
wird durch Federkraft wieder in die Nullstellung zurückgezogen. Durch entsprechende Schaltung und Anordnung der Kontakte wird der Motor sofort abgeschaltet und kann nicht mehr in entgegengesetzter Richtung hochlaufen.

---

[1] Vgl. Werkstattbuch Heft 96: F. W. Simonis, Stufenlos verstellbare Getriebe.

Abb. 40 zeigt die grundsätzliche Schaltung. Es ist selbstverständlich auch möglich, einen Motor für zwei Drehrichtungen zu verwenden und durch eine diesen Verhältnissen angepaßte Schaltung den Alni-Bremswächter zur Bremsung in beiden Richtungen zu benutzen. Soll das Bremsen weich erfolgen, so kann man bei Käfigläufermotoren ein- oder zweiphasige Widerstände während des Bremsens zwischen Netz und Ständerwicklung schalten. Bei Schleifringläufern nutzt man die Anlaßwiderstände entweder ganz oder teilweise aus. Da die ganze Bewegungsenergie bei Kurzschlußläufern im Motor vernichtet und dabei Wärme erzeugt wird, ist bei häufigem Bremsen und großen zusätzlichen Schwungmassen die zulässige Belastungsfähigkeit des einzelnen Motors genau zu überprüfen.

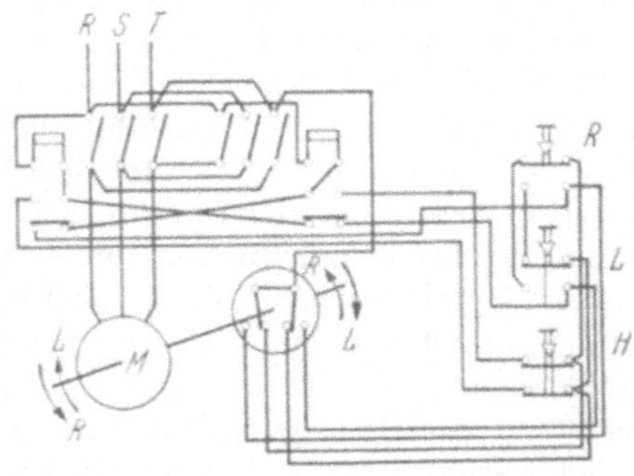

Abb. 40. Grundsätzliche Schaltung des Alni-Bremswächters für Drehrichtungswechsel bei Druckknopfbetätigung.

b) **Bremsung mittels Gleichstrom.** Bei der Gleichstrombremsung wird der Ständer des Motors nach dem Abschalten vom Netz an eine Gleichstromquelle angeschlossen. Hierdurch entsteht ein im Raum stillstehendes Feld, das auf den Läufer bremsend wirkt. Die Gleichspannung muß dem Ohmschen Widerstand der Wicklung und dem Bremsstrom entsprechen. Dieser wird wieder je nach dem gewünschten Bremsmoment festgelegt und beträgt meist etwa das 1,5 bis 2fache des Normalstromes.

Ist kein Gleichstrom vorhanden und lohnt es sich, wie dies vielfach der Fall ist, nicht, einen kleinen Motorgenerator aufzustellen, so verwendet man mit großem Vorteil Trockengleichrichter in Verbindung mit einem kleinen Transformator. Wird der Transformator mit verschiedenen Anzapfungen versehen, so kann ohne Verwendung von Widerständen die Spannung, damit der Strom und hierdurch wieder das Bremsmoment geändert werden. Es ist nicht erforderlich, den Gleichstrom durch Drosseln oder Kondensatoren zu glätten. Bei der Bemessung des Gleichrichters spielt es eine große Rolle, daß er eine große Überlastungsfähigkeit besitzt, nur kurzseitig belastet ist und nur während des Bremsvorganges eingeschaltet zu werden braucht.

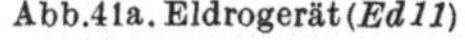

Abb. 41a. Eldrogerät (*Ed 11*)

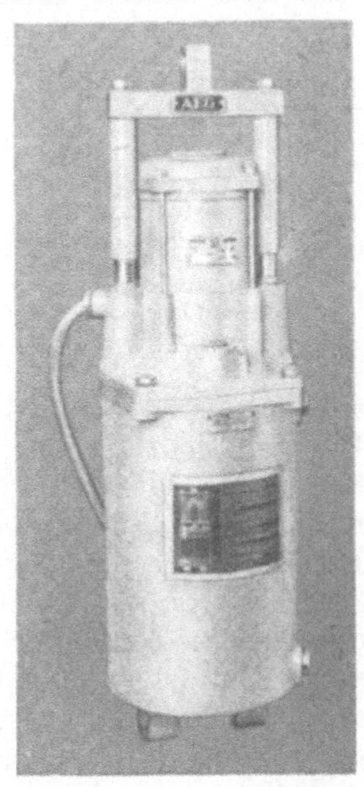

Abb. 41b. Eldrogerät (*Ed 3*).

c) **Elektrisch-mechanische Bremsung.** Um die sich drehenden Teile einer Maschine in einer bestimmten Lage festhalten zu können, ist auf alle Fälle eine mechanische Bremse erforderlich, die bei geringer Bremsleistung und nicht zu großer Schalthäufigkeit durch einen *Bremslüftmagneten*, bei größeren Leistungen und großer Schalthäufigkeit durch ein *Eldrogerät* (Abb. 41 a u. b) als vorteil-

haftestes Gerät betätigt wird. Die Eldrogeräte sind elektrohydraulische Hub-
zeuge, die eine durch einen Drehstrommotor angetriebene Zentrifugalpumpe enthalten. Sie vereinigen Anspruchlosigkeit mit unbedingter Zuverlässigkeit, arbeiten
sehr weich und ermöglichen dabei trotzdem, sachgemäße Durchbildung der
Bremseinrichtung vorausgesetzt, kürzeste Zeiten. Das Eldrogerät kann — im Gegensatz zu allen anderen elektrischen Betätigungsorganen für Bremsen — in jeder
beliebigen Stellung festgehalten werden, arbeitet bei 20% Unterspannung noch
einwandfrei und braucht, falls die Abfallzeit keine zu große Rolle spielt, nicht
ausgelastet zu sein; es kann dauernd eingeschaltet bleiben, läßt aber ebenso große
Schalthäufigkeit zu, die je nach den Verhältnissen 2000 Schaltungen und mehr
in der Stunde betragen darf. Soll der bewegliche Teil langsam hochgehen oder
sinken, so ist das mit einfachen zusätzlichen Mitteln in verhältnismäßig weiten
Grenzen möglich. Diese Eigenschaften haben dazu geführt, daß das Eldrogerät
nicht nur zur Betätigung von Bremsen, sondern für eine große Zahl anderer Aufgaben verwendet wird. Hierzu gehört die Verstellung von Kupplungen, die Erzeugung eines Anpreßdruckes, das Anheben von Teilen u. dgl., kurz gesagt, man
kann es überall einsetzen, wo auf einem nicht zu großen
Weg eine Kraft ausgeübt werden muß, menschliche Kraft
gespart und die Bedienung im Hinblick auf andere Aufgaben entlastet werden soll.

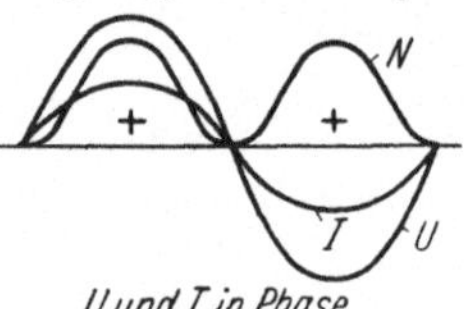

18. Leistungsfaktor $\cos\varphi$. Wird einem Drehstrommotor
— für Transformatoren oder Induktionsumformer gilt das
gleiche — Strom zugeführt, so bildet sich ein Feld, das

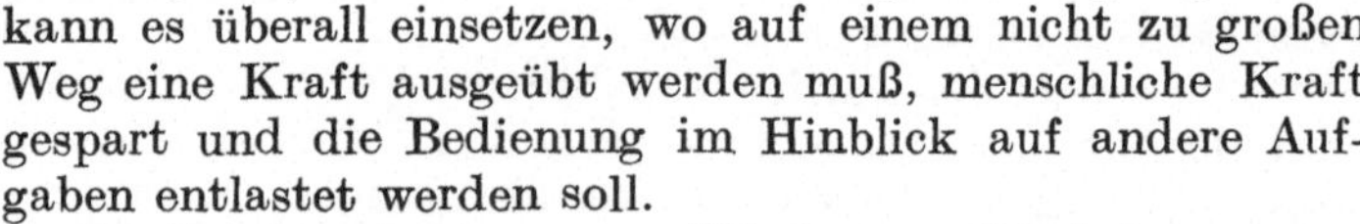

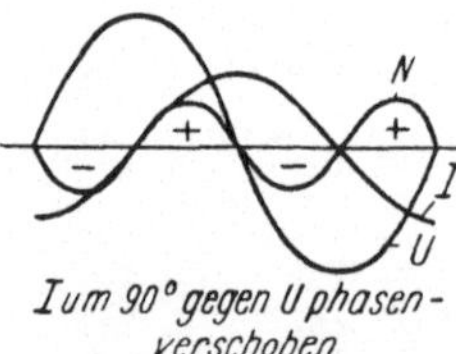

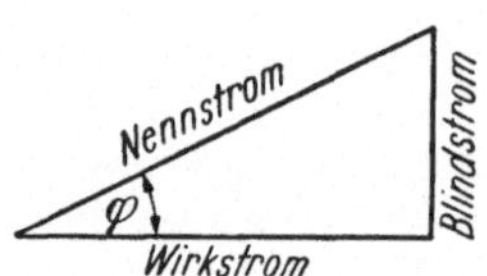

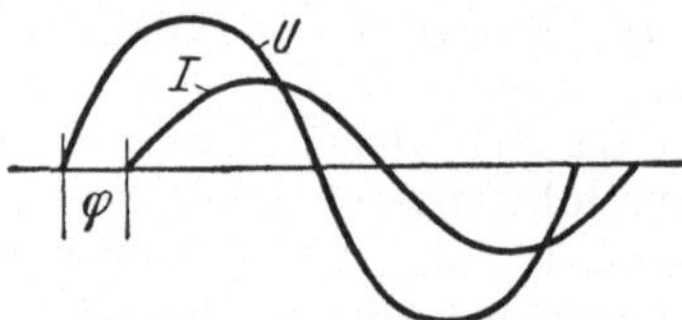

Abb. 42. Strom- und Span-
nungsverlauf bei $\varphi = 0°$
und $\varphi = 90°$.

Abb. 43. Geometrische Addition
von Blind- und Wirkstrom zum
Nennstrom.

Abb. 44. Strom- und Spannungsverlauf
bei nacheilendem Strom, $\varphi =$ Phasen-
verschiebung.

wieder ein sekundäres Feld zur Folge hat. Zum Aufbau dieser Felder wird
Energie benötigt, die nach außen hin nicht sichtbar in Erscheinung tritt. Der
Strom, der dem Motor zugeführt wird, unterteilt sich in Wirkstrom, der in
mechanische Energie umgewandelt werden kann, und in Blindstrom, der zur
Erzeugung des magnetischen Feldes dient. Das Produkt aus Blindstrom und
Spannung ergibt die Blindleistung, das Produkt aus Wirkstrom und Spannung
die Wirkleistung. Der Blindstrom erreicht seinen Höchstwert, wenn der Wirkstrom Null ist, d. h. er ist gegen ihn um 90° verschoben (Abb. 42). Werden beide
geometrisch addiert (Abb. 43), so erhält man den Nennstrom, den man mit einem
Strommesser feststellen kann. Den Phasenverschiebungswinkel zwischen Wirk-
und Nennstrom bezeichnet man mit φ. Das Verhältnis von Wirk- zu Scheinleistung wird mit $\cos\varphi$ oder Leistungsfaktor bezeichnet, wobei sich die Scheinleistung aus Spannung und Nennstrom ergibt. Da der Wirkstrom gleichzeitig
mit der Spannung seinen Höchstwert erreicht, also mit ihr in Phase liegt, ist auch
der Nennstrom gegen die Spannung um den Winkel φ verschoben (Abb. 44). Der
Blindstrom, den ein Motor aufnimmt, ist fast unabhängig von der Belastung. Je
geringer ein Motor belastet ist, um so schlechter ist demnach der Wirkungsgrad.
Da die Kraftwerke den Blindstrom liefern müssen und hierdurch ihre Generatoren
zusätzlich belastet sind, stellen sie ihren Abnehmern den verbrauchten Blindstrom

ebenfalls in Rechnung. Es liegt daher im Interesse eines jeden Betriebsleiters mit einem möglichst guten cos φ zu arbeiten. Hierzu gehört die Vermeidung unnötiger Leerlaufzeiten durch Abschalten der Motoren, die Bemessung der Motoren nach dem tatsächlichen Leistungsbedarf und die direkte Verbesserung des cos φ, sei es durch Phasenschieber im Läuferkreis von Drehstrommotoren, sei es durch Synchronmotoren oder durch Kondensatoren. Phasenschieber und Synchronmotoren lohnen sich nur in großen Betrieben und bei großen Motoren. Im allgemeinen verwendet man in Werkstätten und Fabrikanlagen Kondensatoren (Abb. 45). Sie benötigen keine Wartung, haben nur ganz geringe Verluste zur Folge, weisen keine bewegten Teile auf und lassen sich überall, nötigenfalls auch im Freien, aufstellen. Schwankt in einem Betrieb der Leistungsfaktor in größerem Ausmaß, so ist durch Ab- oder Zuschalten von Kondensatoren eine Anpassung an die jeweiligen Betriebsverhältnisse möglich. Dieser Vorgang kann auch selbsttätig durch eine entsprechende Steuerung ausgelöst werden (vgl. Abschn. 2).

19. Drehstrom-Gleichstromumformung. Der einfache Aufbau der Drehstrommotoren und die Vorteile bei der Verteilung des Drehstromes vom Erzeuger bis Verbraucher haben es mit sich gebracht, daß man fast nur noch diese Stromart bei Fremdbelieferung findet. Es gibt aber eine Reihe von Aufgaben, zu deren Lösung das Vorhandensein von Gleichstrom wünschenswert oder erforderlich ist. Hier muß man Gleichstrom unmittelbar oder durch Umformung aus Drehstrom erzeugen.

a) Umlaufende Umformer. Zur Drehzahländerung von Motoren, besonders bei größerer Leistung und bei größerem Drehzahlbereich, findet der in Abschnitt 11a behandelte *Leonard-Umformer* Anwendung oder vereinzelt auch die dort ebenfalls erwähnte Drehstrom-Zu-und-Gegenschaltung. Sollen mehrere Motoren unabhängig gesteuert werden und lohnt sich die Umformung, so geschieht dies mittels eines *Motorgenerators*, der aus einem Drehstrommotor

Abb. 45. Starkstrom-Kondensatoren-Anlage, 180 kVA, 380 V, 50 Hz.

und einem von ihm angetriebenen Gleichstromgenerator besteht. Eine andere Möglichkeit besteht in der Verwendung eines *Einankerumformers*. Dieser ist wie ein Gleichstrommotor gebaut, bei dem einzelne Punkte der Wicklung mit Schleifringen verbunden sind. Den Vorteilen eines hohen Wirkungsgrades, des geringen Platzbedarfes gegenüber Motorgeneratoren, geringeren Gewichtes und niedrigerer Anschaffungskosten, sowie eines cos φ von meist gleich 1 steht der Nachteil gegenüber, daß zwischen Drehstrom- und Gleichstromspannung bei einem dreiphasigen Umformer ein Verhältnis von etwa 0,65 : 1 besteht. Dieses Verhältnis ändert sich bei verschiedenen Erregungen nicht und bei verschiedenen Belastungen nicht nennenswert. Es ist daher fast immer notwendig, durch einen zusätzlichen Transformator die Drehstromspannung so umzuformen, daß man die gewünschte Gleichstromspannung erhält.

Neben den umlaufenden Umformern hat im Laufe der Zeit der ruhende Umformer, sei es als *Röhren-* oder als *Trockengleichrichter*, immer mehr Bedeutung gewonnen.

b) Gleichrichter sind elektrische Ventile, die den Strom nur in einer Richtung durchlassen. Es kann dadurch nur eine Halbwelle ausgenützt werden.

Da dies zu unwirtschaftlich ist, wurden unter Verwendung mehrerer Ventile Schaltungen entwickelt, die eine Ausnützung beider Halbwellen gestatten. Durch vorgeschaltete Transformatoren wird die Gleichstromspannung bestimmt. Der erzeugte Gleichstrom hat je nach der Phasenzahl des Gleichrichters eine mehr oder weniger große Welligkeit. Ist diese nicht zulässig, so kann durch Zuschaltung von Kondensatoren und Drosseln eine genügend große Glättung erzielt werden. Je nach Ausführung der Ventile unterscheidet man Elektrolytgleichrichter, die nur für bestimmte Fälle von Interesse sind, Trockengleichrichter, ferner Glühkathoden- und Quecksilberdampfgleichrichter.

Abb. 46. Glasgleichrichter (Ladegleichrichter für Elektrokarren).

Abb. 47. Großgleichrichter (pumpenloser, luftgekühlter Eisengleichrichter).

Bei den *Trockengleichrichtern* sind am bekanntesten die *Selengleichrichter*, bei denen auf eine Eisenplatte eine Selenschicht aufgebracht ist, wobei als Gegenplatte eine Metallfolie dient. Ein anderes Beispiel ist der Kupferoxydulgleichrichter. Er besteht aus einer Kupferplatte, die einseitig mit Kupferoxydul überzogen ist, gegen welches eine Bleiplatte oder dgl. gedrückt wird. Mit Rücksicht auf die Erwärmung wird für jede derartige Zelle nur mit einer Spannung von 2 Volt gerechnet. Bei höheren Spannungen wird eine entsprechende Anzahl dieser Zellen hintereinandergeschaltet.

Bei den *Glühkathodengleichrichtern* ist in einem luftleeren Rohr ein Glühfaden eingeschmolzen, der durch den Heizstrom auf eine so hohe Temperatur gebracht wird, daß er Elektronen aussenden kann. Ihm gegenüber befindet sich die Anode.

Wird zwischen die Kathode und Anode eine Gleichspannung gelegt, so gehen von der Kathode Elektronen zur Anode als Gleichstrom. Die Größe des Stromes hängt von der Anodenspannung ab. Gasgefüllte Glühkathodengleichrichter haben unter der Bezeichnung *Wehneltgleichrichter* als Kleingleichrichter Bedeutung.

Die wichtigste Gleichrichterart, besonders für große Leistungen, ist der *Quecksilberdampfgleichrichter*, der entweder mit Glaskolben oder mit Eisengefäß gebaut wird. Abb. 46 zeigt einen Glasgleichrichter, Abb. 47 einen Großgleichrichter mit Eisengefäß. Abb. 48 gibt die grundsätzliche Schaltung eines Wechselstrom-Quecksilberdampfgleichrichters. Die Quecksilberkathode K ist stets der Pluspol der Gleichstromleitung. Mittels einer Zündanode wird zunächst ein Lichtbogen erzeugt, es bildet sich auf dem Quecksilber der Kathodenfleck, eine glühende Quecksilberkathode. Dieser Fleck hat eine Temperatur von etwa 3000° und entwickelt dauernd Quecksilberdampf, der die Stromförderung zwischen der Kathode und den Anoden übernimmt. Der Quecksilberdampf wird an den nötigenfalls durch einen zusätzlichen Lüfter gekühlten Wänden niedergeschlagen und fließt zur Kathode wieder zurück, so daß die Quecksilbermenge in der Kathode immer gleich bleibt. Da die Elektronen in einem luftleeren Raum einwandfrei von der Kathode zur Anode sprühen können, ist es nötig, daß das Gleichrichtergefäß möglichst luftleer gemacht und von allen Gasresten befreit wird. Diese Maßnahme hat noch den

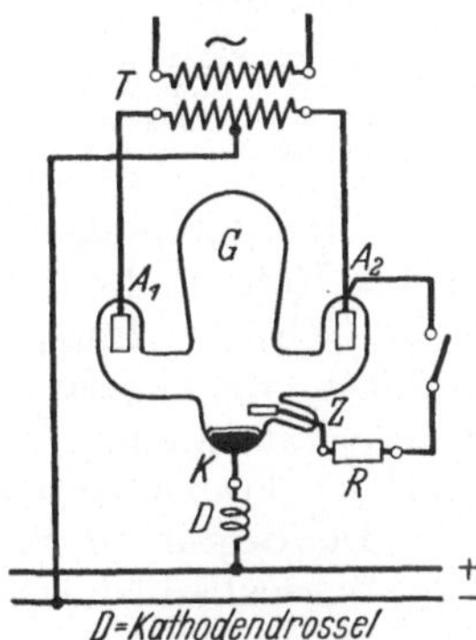

Abb. 48. Grundsätzliche Schaltung eines Quecksilberdampfgleichrichters.

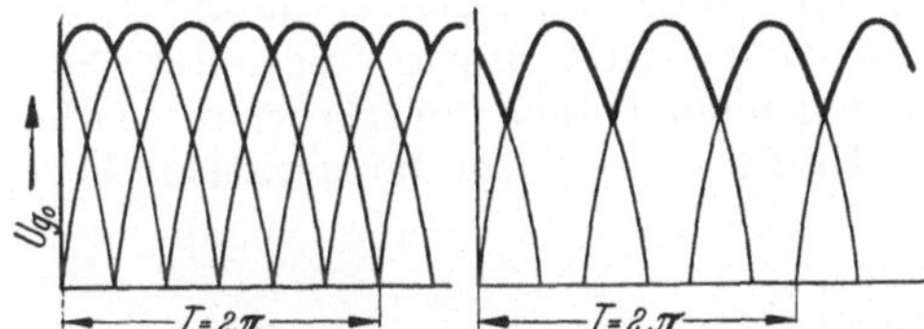

Abb. 49. Spannungsverlauf eines sechs- und eines dreiphasigen Quecksilberdampfgleichrichters während einer Periode des zugeführten Drehstroms.

Vorteil, daß der Spannungsverlust im Gleichrichter kleiner wird. Wichtig ist, daß die Anoden sich nicht erwärmen, um Rückzündungen zu vermeiden. Aus diesem Grund setzt man die Anoden trotz des dadurch höheren Spannungsabfalles in gekröpfte, lange Arme. Um zu verhindern, daß ein Gleichrichter nach einer Löschung neu gezündet werden muß, erhält er Erregerelektroden, zwischen denen ständig ein Lichtbogen steht. Beim Einschalten des Gleichstromkreises springt der Erregerlichtbogen auf die Gleichrichterelektroden über.

Der Spannungsverlust des Gleichrichters ist unabhängig vom Strom. Selbst wenn die Verluste des Transformators und der Hilfseinrichtungen mitberücksichtigt werden, ist der Gesamtwirkungsgrad zwischen Viertel- und Vollast praktisch unverändert und umlaufenden Umformern überlegen. Ein großer Nachteil der Gleichrichter besteht darin, daß sie gewöhnlich keinen Rückstrom aufnehmen können. Wird ein Gleichstrommotor mit veränderlicher Drehzahl von einem Gleichrichter gespeist, so sind Sicherheitsmaßnahmen zu treffen, die beim schnellen Herabsetzen der Drehzahl das Auftreten höherer Spannungen verhindern, die dadurch entstehen, daß der Motor als Generator arbeitet.

In Abb. 49 ist der Spannungsverlauf eines sechs- und eines dreiphasigen Quecksilberdampfgleichrichters während einer Periode des zugeführten Drehstroms, in Abb. 50a der Wirkungsgrad bei verschiedenen Gleichspannungen und in Abb. 50b der Wirkungsgradverlauf bei wechselnder Belastung dem eines Einankerumformers einschl. Transformator gegenübergestellt.

20. Gesteuerte Gleichrichter. Bei den Glühkathodengleichrichtern kann man, wie bei den Radioröhren, zwischen Kathode und Anode ein Gitter anordnen, an das eine mehr oder weniger große negative Spannung gelegt wird. Der Durchgang der Elektronen durch das Gitter wird mit zunehmender negativer Spannung des Gitters immer mehr erschwert, bis schließlich bei einem genügend hohen negativen Wert überhaupt kein Strom mehr fließt.

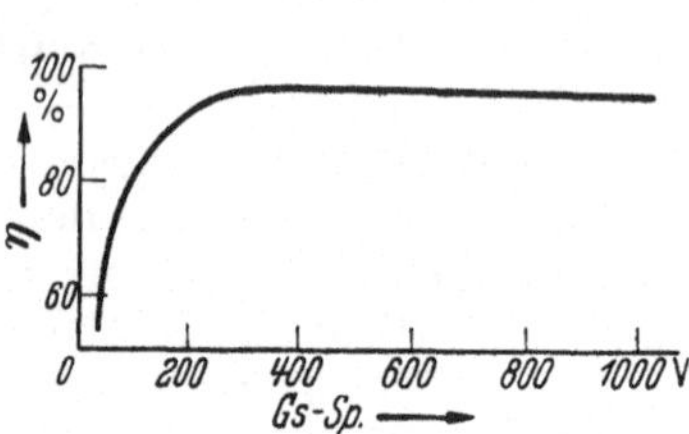

Abb. 50 a. Wirkungsgrad des Gleichrichters bei verschiedenen Gleichspannungen.

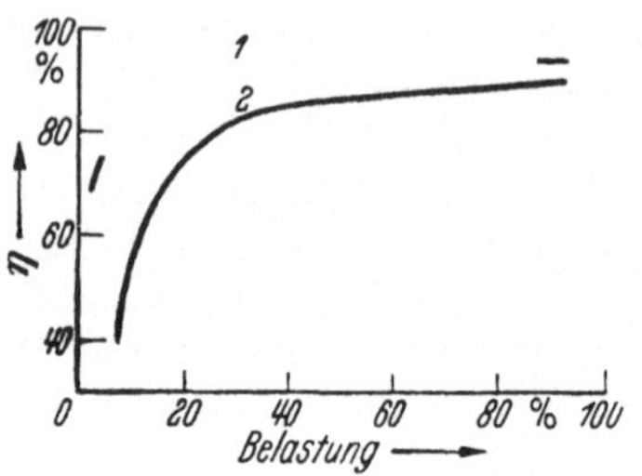

Abb. 50 b. Wirkungsgrad eines Gleichrichters einschl. Transformator (1) und eines Einankerumformers einschl. Transformator (2)

Eine eingehende Schilderung der Verhältnisse bei Quecksilberdampfgleichrichtern führt zu weit. Hier kommt, wie bei den edelgasgefüllten Röhren, der Einfluß der Ionisation des Quecksilberdampfes bzw. der Gase zur Geltung. Infolge der Ionisation kann der einmal eingeleitete Stromfluß auch durch eine negative Vorspannung nicht früher unterbrochen werden, als bis die Anodenspannung wieder durch Null geht. Infolge der negativen Vorspannung zündet er dann nicht wieder.

Abb. 51. Rundschleifmaschine (Hartex GmbH., Berlin-Marienfelde) mit Elektronenröhren-Steuerung (AEG.).

Der Beginn des Stromflusses kann durch eine an das Gitter gelegte positive Spannung bestimmt werden. Je später die Zündung einsetzt, um so kleiner wird der Mittelwert der Gleichspannung, die bei einer Verzögerung um 90° schließlich Null wird. Eine Sonderform dieser Gleichrichter sind edelgasgefüllte Röhren, bei denen als Kathode ein Glühdraht verwendet

wird. Diese *Thyratrons* haben den Vorteil, daß sie trägheitslos arbeiten und praktisch ohne Leistungsaufwand gesteuert werden können. Abb. 51 zeigt eine neuzeitliche Rundschleifmaschine, bei der eine AEG-Elektronenröhren-Steuerung verwendet ist. Ein großer Vorteil dieser Steuerungen besteht darin, daß sie nur kleine Steuergeräte bedingen. Während bei den Amplidynen durch Zusatzfelder Programmsteuerungen möglich sind, kann bei den Elektronenröhren-Steuerungen durch Einschaltung von Potentiometern und dergleichen in den Steuerkreis das gleiche erzielt werden. Es ergeben sich dabei Möglichkeiten, die eine aussichtsreiche und vielseitige Entwicklung erwarten lassen.

20a. Stromrichterantrieb mit Drosselsteuerung. Eine weitere Möglichkeit, die Drehzahl von Gs-Motoren in einem Verhältnis bis zu 20 : 1 zu ändern, zeigte die AEG erstmalig auf der technischen Messe Hannover 1951. Hierbei wird der Gs-Motor unmittelbar aus dem Wechsel- oder Drehstromnetz über Trockengleichrichter gespeist, die in Verbindung mit vormagnetisierten Eisendrosseln eine Drehzahländerung bei gleichbleibendem Moment ermöglichen. Der Vorteil dieser Anordnung besteht darin, daß ohne Röhren oder bewegte Teile gearbeitet wird, so daß keinerlei Verschleiß eintritt. In der Werkzeugmaschinen-Industrie ist diese Neuerung besonders für Vorschubantriebe wichtig.

IV. Der Einphasenwechselstrommotor.

Im Gegensatz zu früher ist die Zahl der Anlagen, besonders der Werkstätten, in denen nur Einphasenwechselstrom zur Verfügung steht, sehr klein geworden. Handelt es sich darum, mehrere Motoren zu betreiben und befinden sich darunter auch solche mit mehreren kW Leistungen, so dürfte der sogenannte *Arnoumformer* das Gegebene sein. Bei einzelnen Motoren hat sich neben dem Einphaseninduktionsmotor der Kondensatormotor immer stärker durchgesetzt. Der Einphasenrepulsionsmotor ist in seiner Drehzahl belastungsabhängig, neigt bei Entlastung zum Durchgehen und ist daher für Werkzeugmaschinenantriebe ungeeignet.

21. Der Arnoumformer. Schließt man einen Drehstrommotor mit zwei Phasen an ein Einphasennetz, so kann man die dritte Phase zur Bildung einer Hilfsphase heranziehen und damit ein künstliches Drehstromnetz schaffen. Der Arnomotor wirkt dabei als umlaufender Transformator, bei dem durch Induktion in der dritten Phase eine Spannung erzeugt wird, die bei richtiger Bemessung etwa 85% der normalen beträgt. An das so erzeugte künstliche Drehstromnetz können gewöhnliche Drehstrommotoren angeschlossen und mit etwa 90% belastet werden. Die Bemessung des Arnomotors hängt von der Zahl der angeschlossenen Motoren, ihrer Leistung und ihren Anlaßbedingungen ab.

22. Der Einphaseninduktionsmotor entspricht in seinem Aufbau dem Drehstromasynchronmotor. Statt drei Wicklungen ist an sich nur eine einzige erforderlich, doch ordnet man zur Erzielung eines selbständigen Hochlaufes eine Hilfswicklung an, vor die beim Anlauf eine Drossel oder ein Kondensator geschaltet wird. Bei nur einer Wicklung würde ein pulsierendes Feld entstehen, das kein Drehmoment auslösen

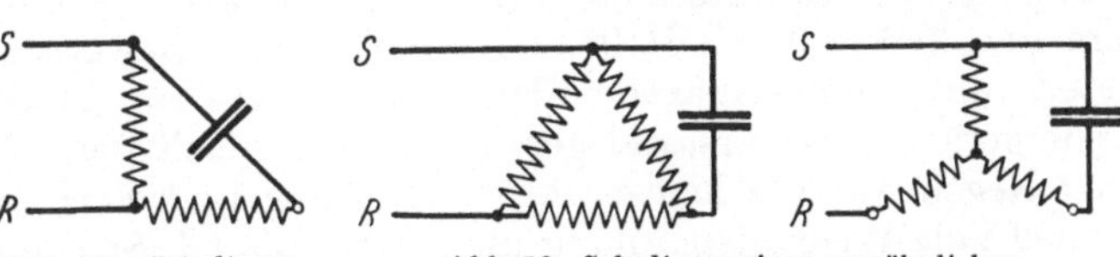

Abb. 52. Schaltung eines Einphasen-Kondensatormotors.

Abb. 53. Schaltung eines gewöhnlichen Drehstrommotors als Einphasenmotor mit Betriebskondensator.

kann, während die räumlich versetzte Hilfswicklung in Verbindung mit der Drossel oder dem Kondensator ein mehr oder weniger ausgeprägtes Drehfeld zur Folge hat. Sobald der Motor hochgelaufen ist, kann die Hilfswicklung in Fortfall kommen. Eine wesentlich bessere Modellausnützung ergibt sich, wenn man die Hilfswicklung und den Kondensator nicht nur für den Hochlauf, sondern auch für den Dauerbetrieb vorsieht. In diesem Fall wird sehr häufig noch ein zweiter Kondensator als Anlaufkondensator benützt, wobei der zuerst erwähnte Kondensator als Betriebskondensator bezeichnet wird. Je nach der Größe des Anlaufkondensators kann man das 2- bis 2,5fache des Nennmomentes erreichen, wobei der Einschaltstrom den etwa 4- bis 5fachen Wert des Nennstromes annimmt. Das Anzugsmoment eines Motors, der nur mit einem Betriebskondensator arbeitet, ist

etwa 25 bis 50% des Nennmomentes bei einem Einschaltstrom, der etwa dem 3,5-
bis 4fachen des Nennstromes entspricht. Ein Betriebskondensator wirkt sich auf
den cos φ sehr günstig aus (Leistungsfaktor etwa 0,95 bis 1,0).

Bei Verwendung von Kondensatoren ist es nicht unbedingt erforderlich, Ein-
phasenmotoren mit einer Hilfswicklung zu benutzen, man kann genau so gut normale Drehstrommotoren wählen und einer Wicklung einen Kondensator parallel
schalten. Es ist dabei nur darauf zu achten, daß der Kondensator nur mit einer
Klemme direkt am Netz liegt. In Abb. 52 ist die Schaltung eines Einphasenkonden-
satormotors und in Abb. 53 die eines Drehstrommotors mit Kondensator für Anschluß an ein Einphasennetz gezeigt.

V. Sicherheitsmaßnahmen, Hilfseinrichtungen, Betriebsstörungen.

A. Vorschriften und Vereinbarungen, Systematik.

23. Das Vorschriftenbuch des Verbandes Deutscher Elektrotechniker[1] faßt in den
verschiedenen Gruppen alles zusammen, was dem Betriebselektriker oder dem
planenden Ingenieur bekannt sein muß. Für die Einrichtung von Werkstätten und
dgl. ist dies in erster Linie die Gruppe 1 Starkstromanlagen, Vorschriften nebst Aus-
führungsregeln für die Errichtung von Starkstromanlagen (VES), bzw. VDE 0100,
die Gruppe 5 Regeln für die Bewertung und Prüfung von elektrischen Maschinen
(REM), die Gruppe 6, die sich auf das Schaltgerät bezieht und evtl. die Gruppe 0,
die unter VDE 0010 die DIN-Normblätter der Elektrotechnik umfaßt. Von der

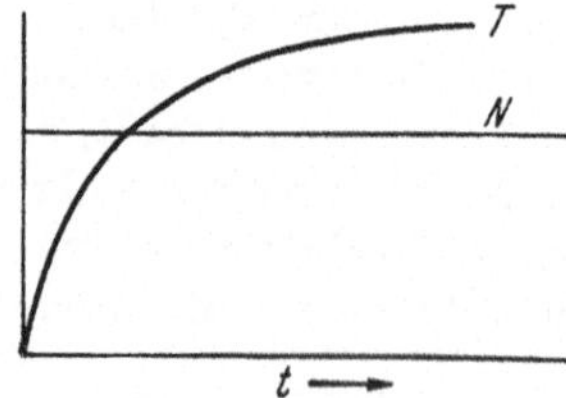

Abb. 54. Motorerwärmung im
Dauerbetrieb: DB. t Zeit; T Temperatur; N Leistung. Vgl. Abb. 11.

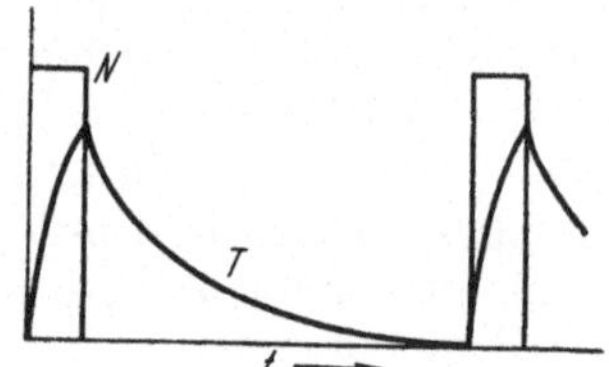

Abb. 55. Motorerwärmung im
Kurzzeitbetrieb: KB.

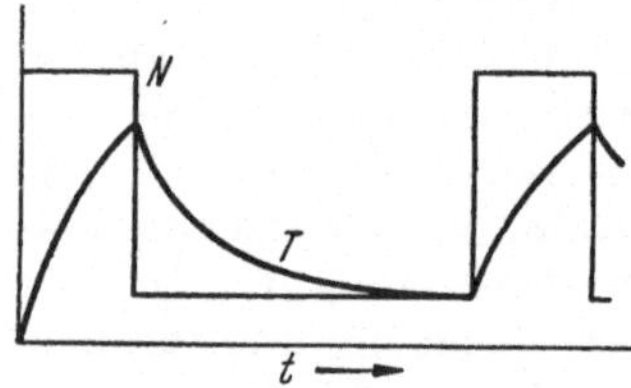

Abb. 56. Motorerwärmung im Dauerbetrieb mit kurzzeitiger
Belastung: DKB.

Gruppe 6 sind von Interesse: VDE 0641 Leitsätze für Leistungsschütze bis 15 Ampere und 380 Volt, VDE 0650 Regeln für die Bewertung und Prüfung von Anlassern und Steuergeräten, VDE 0655 Regeln für Bewertung und Prüfung von
Steuergeräten, Widerstandsgeräten und Bremslüftern für Aussetzbetrieb, VDE
0660 Regeln für die Konstruktion, Prüfung und Verwendung von Schaltgeräten
bis 500 Volt Wechselspannung und 3000 Volt Gl.-Spannung, VDE 0665 Leitsätze
für Motorschutzschalter mit thermisch verzögerter Überstromauslösung.

24. Die Betriebsarten sind unter VDE 0530 § 19a bzw. 28, 29 und 30 erfaßt.
Der Wichtigkeit wegen sei die Erklärung jeder Betriebsart nochmals wiederholt
und gleichzeitig zeichnerisch erläutert (vgl. S. 11).

a) *DB = Dauerbetrieb*: Betriebszeit so lange, daß die dem Beharrungszustand
entsprechende Endtemperatur erreicht wird (Abb. 54).

b) *KB = Kurzzeitbetrieb*: Die durch Vereinbarung bestimmte Betriebszeit ist
so kurz, daß die Beharrungstemperatur nicht erreicht wird. Die Betriebspause,
während der die Maschine spannungslos ist, ist lange genug, daß die Abkühlung
auf die Temperatur des Kühlmittels erreicht wird (Abb. 55).

c) *DKB = Dauerbetrieb mit kurzzeitiger Belastung*: Die durch die Vereinbarung
bestimmte Belastungszeit ist so kurz, daß die Beharrungstemperatur nicht erreicht

---

[1] Erhältlich beim VDE-Verlag, Frankfurt/Main, Osthafenplatz 6.

wird; die Belastungspause, während der die Maschine leer läuft, ist lange genug, daß die Abkühlung auf die Beharrungstemperatur bei Leerlauf erreicht wird (Abb. 56).

d) *AB = Aussetzbetrieb*: Einschaltzeiten (ED) wechseln mit spannungslosen Zeiten ab, deren Dauer nicht genügt, daß die Abkühlung auf die Temperatur des Kühlmittels erreicht wird (Abb. 57).

e) *DAB = Dauerbetrieb mit aussetzender Belastung*: Belastungszeiten wechseln mit Leerlaufpausen ab, deren Dauer nicht genügt, daß die Abkühlung auf die Beharrungstemperatur bei Leerlauf erreicht wird (Abb. 58).

Ein Arbeitsspiel ist die Zeit von einem Arbeitsbeginn bis zum nächsten, wobei dieser Zeitraum als 100% gilt. Die Einschalt- bzw. Belastungsdauer wird auf diese Zeit bezogen und ebenfalls in % ausgedrückt. Wird z. B. ein Motor 10 Sekunden eingeschaltet und steht er dann 30 Sekunden still, so beträgt die Spieldauer 40 Sekunden, die Betriebsart ist: AB 25% ED. Wird ein Motor statt im Dauerbetrieb, für den er bestimmt war, in einer anderen Betriebsart ausgenützt, so kann er unter gewissen Voraussetzungen höher belastet werden, als es der Nennleistung entspricht. Überschlägig rechnet man mit einer Leistungssteigerung von etwa 45% bei DAB 15% ED, von etwa 30% bei DAB 25% ED, von etwa

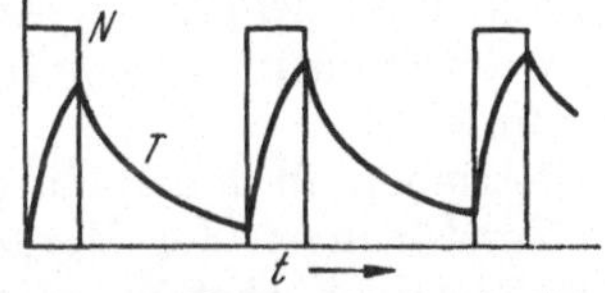

Abb. 57. Motorerwärmung im Aussetzbetrieb mit begrenzter Einschaltdauer: AB 25% ED.

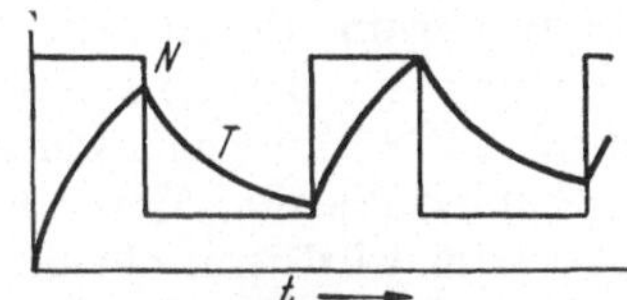

Abb. 58. Motorerwärmung im Dauerbetrieb mit aussetzender Belastung: DAB 25% ED.

20% bei DAB 40% ED — bei kleineren Motoren mit weniger, bei größeren mit mehr. Wichtig hierbei ist, und dies wird leider sehr häufig übersehen, daß zwar die Belastbarkeit steigt, die *Momente* aber, bezogen auf die Dauernennleistung, *unverändert* bleiben. Ein 10 kW-Motor könnte beispielsweise bei DAB 15% ED mit etwa 14,5 kW belastet werden. War das Anzugsmoment, bezogen auf die Nennleistung, das zweifache, so ist es, bezogen auf die DAB-Leistung, nur noch das etwa 1,4 fache.

25. Die Schutzarten sind unter VDE 0530 § 19 und unter DIN/VDE 050 behandelt. Man unterscheidet dabei zwischen Berührungs- und Fremdkörperschutz. In Tabelle 1 ist eine Übersicht gebracht und gleichzeitig angegeben, wofür die einzelne Schutzart gewöhnlich in Frage kommt.

Tabelle 1. Schutzarten. M = Motoren, S = Schaltgeräte, T = Transformatoren.

Berührungsschutz gegen Spannung und bewegliche Teile	Staub		Fremdkörperschutz				Feuchtigkeit
				Wasser			
			ohne Wasserschutz	Tropfwasserschutz	Spritzwasserschutz	Schwallwasserschutz	Wasserdampf
	—		0	1	2	3	4
Ohne Schutz	o. Sch. gg. feste Fremdkörper	0	P 00 M S T	P 01 M	—	—	—
Schutz gg. zufällige Berührung	Sch. gg. große feste Fremdk.	1	P 10 M S	P 11 M	P 12 M T	—	—
	Sch. gg. kleine feste Fremdk.	2	P 20 M S T	P 21 M T	P 22 M T	P 23 M	—
Schutz gegen absichtliche Berührung	Sch. gg. groben Staub	3	P 30 S	—	P 32 S	P 33 M	—
	Sch. gg. feinen Staub	4	P 40 S	P 41 S	P 42 S	P 43 Klemmbr. T	P 44 S T

In enger Beziehung zur Schutzart steht die *Belüftung*. Bei der Selbstkühlung verzichtet man auf jede zusätzliche Belüftung und begnügt sich mit der Wärmeableitung durch Strahlung. Bei der Eigenbelüftung ist zwischen Durchzugs-, Wikkelkopf- und Außenbelüftung zu unterscheiden. Bei sehr stark wechselnden Drehzahlen, in sehr staubigen oder mit explosiven Gasen oder Dämpfen erfüllten Räumen kennt man noch die Fremdbelüftung, welche die Kühlluft vielfach mit Hilfe von Rohranschlüssen von außen holt oder mittels Umlaufkühlung unter Zuhilfenahme von Rückkühlern immer wieder verwendet. In staubigen Betrieben, besonders wenn gleichzeitig Feuchtigkeit auftritt, oder wenn es sich um faserige oder flockige Fremdkörper handelt, die zur Klumpenbildung neigen, ist unbedingt die geschlossene Ausführung zu wählen. Es ist selbst bei Verwendung von Preßluft bei tropfwassergeschützten Motoren unmöglich, ohne Abschrauben von Lagerschilden und Abdeckblechen in den zuletzt erwähnten Fällen die Luftführungswege, wenn sie einmal verstopft sind, wieder frei zu machen. Bei faserigem oder flockigem Staub ist es oft sogar erforderlich, auf die Belüftung ganz zu verzichten, sofern Luftzuführung durch Rohranschluß ausscheidet, da sich der Lüfter für Außenbelüftung mit den an sich kurzen Luftführungswegen in kürzester Zeit vollsetzen und damit wirkungslos werden würde.

Sonderfälle sind Motoren in Betrieben, in denen ein besonderer Schutzanstrich notwendig wird, um chemische Zerstörungen der Metallteile des Motors zu verhindern. Mit zu den Betrieben, welche die höchsten Anforderungen stellen, gehören die Molkereien, wegen der dort unvermeidlichen Milchsäure. Ein Gebiet für sich ist der Explosionsschutz. Die hier in Frage kommenden Vorschriften sind in den VDE 0170/071 enthalten.

Die Aufgabe der Belüftung besteht darin, das Überschreiten der festgelegten Grenztemperatur zu verhindern. Je nach dem Maschinenteil und der verwendeten Isolation sind gemäß VDE 0530 die einzelnen Höchstwerte eindeutig bestimmt. Für explosions- oder schlagwettergeschützte Räume gelten Sonderbestimmungen.

In Tabelle 2a und b sind die vorerwähnten Werte zusammengestellt. Sie gelten unter der Voraussetzung, daß die Kühlmitteltemperatur (bei Luftkühlung somit Umgebungstemperatur) 35° C nicht überschreitet. Die *Grenztemperatur* liegt also 35° höher als die in Tabelle 2b angegebene *Grenzerwärmung*. Nur Messungen mit dem Thermometer oder solche der Widerstandszunahme geben Gewähr für eine sichere Beurteilung des Erwärmungszustandes, nie aber — wie man es immer wieder feststellen muß — der Versuch, durch Auflegen der Hand auf das Motorgehäuse einen Anhalt zu bekommen. Ein anderer Fehler, der ebenfalls unausrottbar zu sein scheint, ist der Einbau eines belüfteten Motors, um ihn vor Verstaubung zu schützen, in einen Holzkasten u. dgl. und die anschließende Verwunderung darüber, daß er zu heiß wird. Alle Angaben, das soll ausdrücklich betont werden, gelten bei belüfteten Motoren unter der Voraussetzung, daß die Kühlluft ungehindert ein- *und* austreten kann, bei unbelüfteten, gekapselten Motoren, daß der Wärmeaustausch mit der umgebenden Luft ebenfalls ungehindert vor sich gehen kann.

26. Bauformen von Motoren. Bei der ersten Verwendung von Motoren kannte man nur Motor-Gehäuse mit 2 Lagerschilden und mit angebautem Fuß, eine Ausführung, die heute mit Form B 3 bezeichnet wird. Die Umstellung von Transmissions- auf Einzelantrieb brachte es mit sich, daß sehr bald versucht wurde, auch noch die Kupplung zu vermeiden. Zum Teil wurde das antriebsseitige Lagerschild so ausgebildet, daß unter Fortfall des Fußes der Motor unmittelbar mit der anzutreibenden Maschine zusammengebaut werden konnte, zum Teil wurde zwischen Gehäuse und Lagerschild ein sog. Zwischenflansch eingeschoben. Ein weiterer

Tabelle 2a. Wärmebeständigkeitsklassen der Isolierstoffe
elektrischer Maschinen.

(Nach den „Regeln für elektrische Maschinen", VDE 0530/VI, 41.)

	I	II	III
	Klasse	Isolierstoff	Behandlung
1	A	Baumwolle, Zellwolle, Seide, Kunstseide, Papier und ähnliche Faserstoffe	Getränkt [1] oder in Füllmasse [2]
2	B	Glimmer-, Asbest-, Glaserzeugnisse und ähnliche mineralische Stoffe	Mit Bindemittel
		Lackdraht	—
3	C	Glimmer	Ohne Bindemittel
		Porzellan, Glas, Quarz und ähnliche feuerfeste Stoffe	—

[1] Von einem brauchbaren *Tränkmittel* wird verlangt, daß es die Fasern vollständig einhüllt und sie aneinander und am Leiter haften läßt, daß es bei der zugelassenen Grenztemperatur nicht *tropfbar* weich wird und, daß es wärmebeständig ist.

[2] Von einer brauchbaren *Füllmasse* wird verlangt, daß sie gute Wärmeleitfähigkeit und erforderliche Isoliereigenschaften hat, daß sie die Hohlräume zwischen den isolierten Leitern praktisch ausfüllt und keine Hohlräume bildet, daß sie bei der zugelassenen Grenztemperatur nicht *tropfbar* weich wird, und, daß sie wärmebeständig ist.

Tabelle 2b. Grenzerwärmungen elektrischer Maschinen.

(Nach den „Regeln für elektrische Maschinen", VDE 0530/VI, 41.)

	I	II	III	IV
	Wicklungen mit Isolierungen nach Klasse [1]	A	B	C
1	Alle Wicklungen mit Ausnahme von 2	60°	80°	Nur beschränkt durch den Einfluß auf benachbarte Isolierteile
2	Einlagige Feldwicklungen allgemein, ebenso in Volltrommelläufern zweilagige Feldwicklungen	70°	90°	

	I	II
3	Kommutatoren und Schleifringe	60°
4	Lager	45°
5	Eisenkerne *mit* eingebetteten Wicklungen	Wie die Wicklungen
6	Eisenkerne *ohne* eingebettete Wicklungen	Nur beschränkt durch den Einfluß auf benachbarte Isolierteile
7	Alle anderen Teile	

Meßverfahren

Alle Wicklungen mit Ausnahme der dauernd kurzgeschlossenen	Widerstandszunahme und Thermometermessung
Dauernd kurzgeschlossene Wicklungen sowie alle anderen Teile	Thermometermessung

[1] Ungetränkte Isolierstoffe sollen im allgemeinen nicht verwendet werden. Wenn in Ausnahmefällen davon Gebrauch gemacht wird, so sind die Grenzerwärmungen hierfür um 15° gegenüber den für Isolationsklasse A zulässigen Werten zu erniedrigen.

Schritt bestand darin, daß außer dem antriebsseitigen Lagerschild, durch entsprechende Ausbildung des maschinellen Teiles und des Fußes, schließlich auch die Welle in Fortfall kam, indem die Welle der Arbeitsmaschine entsprechend verlängert und durchgebildet wurde. Während die Motoren mit Flanschlagerschild und Gehäusezwischenflansch als Anbaumotoren bezeichnet werden, nennt man Motoren, bei denen nur Ständer und Läufer von der Motorenfirma geliefert werden, Einbaumotoren.

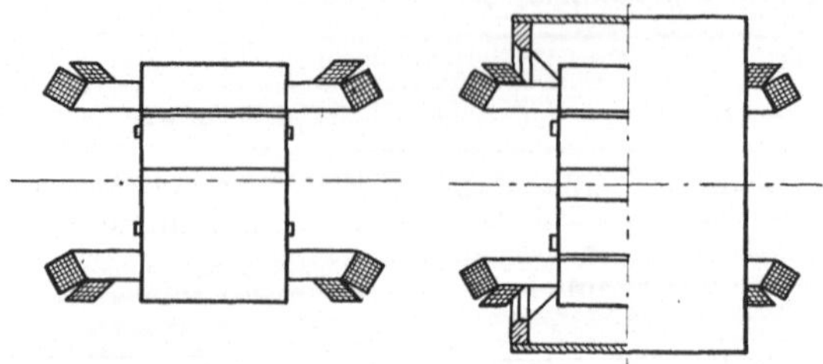

Abb. 59. Einbaumotor auf genauen Durchmesser bearbeitet.

Abb. 60. Einbaumotor, außen unbearbeitet, mit Zentrierrand.

Es spielt dabei keine Rolle, ob der Motorständer außen bearbeitet ist (Abb. 59) oder nicht (Abb. 60). In Abb. 61 ist eine Zusammenstellung der verschiedenen

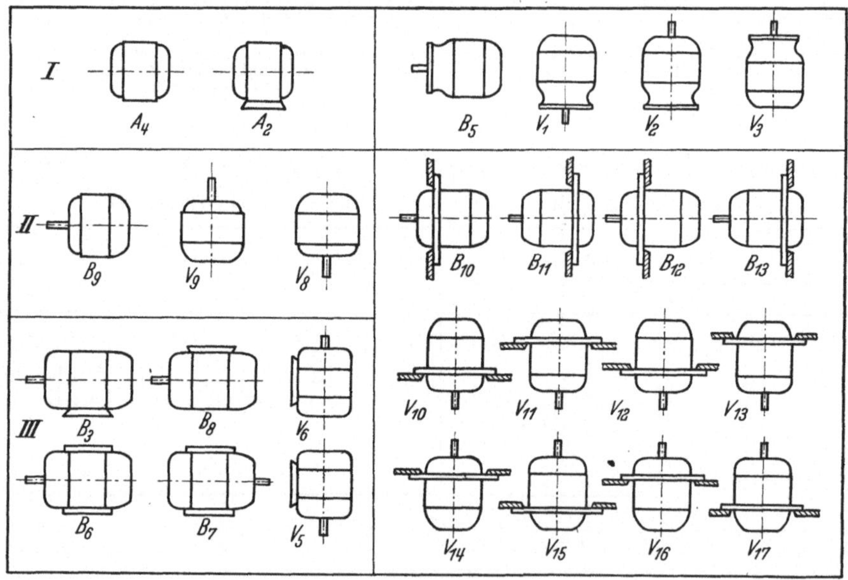

Abb. 61. Bauformen der Motoren.

Bauformen gebracht, wobei Gruppe I die Einbaumotoren, II die Flanschmotoren, III die Fußmotoren, IV die Motoren mit Flanschlagerschild, V die mit Gehäuseflansch umfaßt.

B. Schaltgeräte und Motorschutz.

Es soll hier auf Einzelheiten nicht eingegangen, sondern nur an Hand einiger Bilder ein Überblick über die wichtigsten Ausführungsformen gezeigt werden.

Die einfachste Schalterform ist der Hebelschalter (Abb. 62). Werden mehr als drei Kontakte bzw. mehr als zwei Schaltstellungen erforderlich, so verwendet man bei kleineren Leistungen einen Walzenschalter (Abb. 63), bei größeren eine Schaltwalze mit Luft- (Abb. 64) bzw. mit Ölkühlung (Abb. 65). Als Gleichstromanlasser findet man vielfach den Flachbahnanlasser (Abb. 66), als Anlasser für große Motoren hin und wieder den Flüssigkeitsanlasser (Abb. 67). Während die bisher erwähnten Geräte nur zum Herstellen bzw. zur Änderung bestehender Verbindungen dienen, gibt es ferner die sog. Motorschutzschalter mit Luft- (Abb. 68) und mit Ölkühlung (Abb. 69). Diese Schalter übernehmen vielfach noch die Aufgabe von Sicherungen, wenn sie mit einer dreipoligen Schnellauslösung versehen sind. Bezüglich weiterer Ausführungsmöglichkeiten sei auf Abschnitt 4 verwiesen.

Die im vorhergehenden Absatz aufgeführten Schaltgeräte kommen nur für verhältnismäßig geringe Schalthäufigkeit in Betracht. Muß sehr häufig geschaltet werden und besonders, wenn zwischen verschiedenen Arbeitsvorgängen eine Abhängigkeit bestehen soll, benützt man Motorschütze (Abb. 70), zum selbsttätigen Anlassen von Motoren Schützenselbstanlasser (Abb. 71), die eine Zusammenfassung mehrerer Schütze zum Teil in Verbindung mit Zwischenrelais sind, oder wenn es sich darum handelt, eine ganze Maschinengruppe zu beeinflussen, eine Schützensteuerung (Abb. 72).

Zum Auslösen der Schaltvorgänge dienen Druckknöpfe

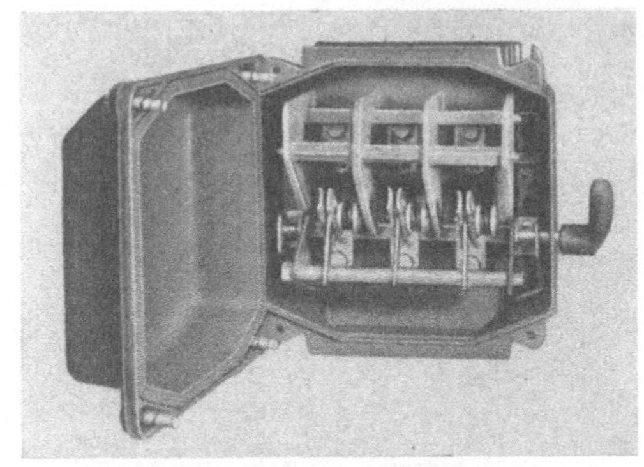

Abb. 62. Zweipoliger Hebelschalter mit Momentschaltung.

Abb. 63. Stern-Dreieckschalter (Ein- und Aufbauform).

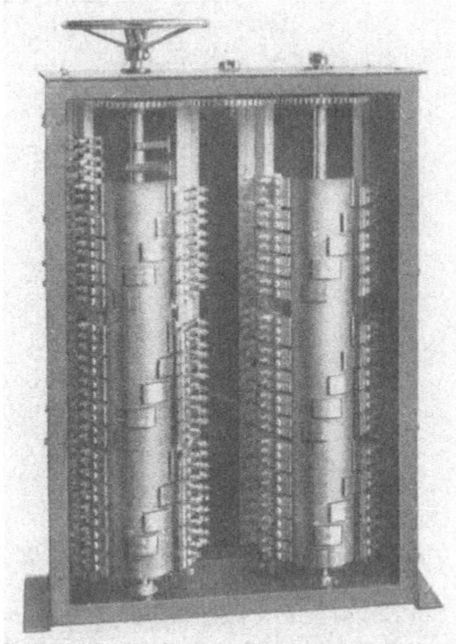

Abb. 64. Schaltwalzenanlasser mit Luftkühlung.

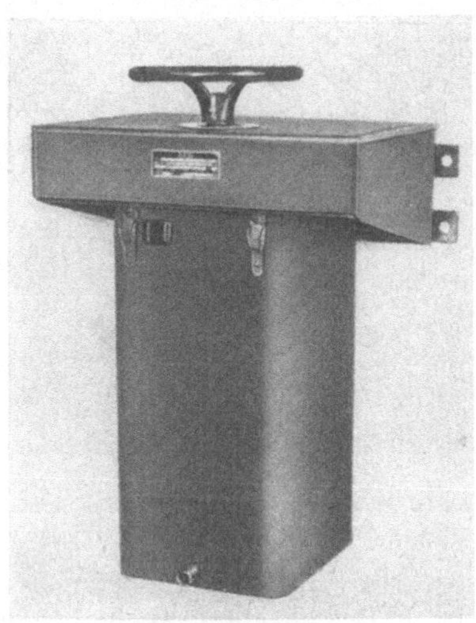

Abb. 65. Schaltwalzenanlasser mit Ölkühlung.

(Abb. 73), Endschalter (Abb. 74) oder wie bei Hobelmaschinenantrieben Hebel-umschalter in den verschiedensten Ausführungen (Abb. 75). Die Endschalter

Abb. 66. Flachbahnanlasser.

Abb. 67. Flüssigkeitsanlasser.

haben dabei, wie die Hebelumschalter, nicht nur die Aufgabe, einen Schalt-vorgang auszulösen, sei es Ein-, Aus- oder Umschalten eines Motors, sondern sie wachen gleichzeitig darüber, daß eine Bewegung in einer Richtung so be-

Abb. 68. Motorschutzschalter. (2 Funkenkamine abgenommen).

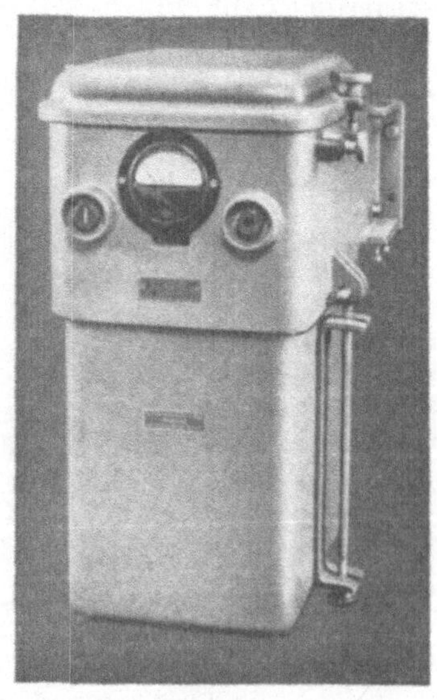

Abb. 69. Motorschutzölfernschalter.

grenzt wird, daß keine Störungen auftreten können. Man kann daher mit einer gewissen Berechtigung auch den Drehmoantrieb der AEG noch zu den Schalt-geräten rechnen, da er bei Überschreitung eines festgelegten Drehmomentes einen Antrieb stillsetzt.

Abb. 70. Motorschütz.

Abb. 71. Schützenselbstanlasser.

Abb. 72. Schützensteuerung.

4*

C. Leitungen und Sicherungen.

27. Leitungswahl. Die richtige Bemessung der Leitungen ist nicht nur aus Gründen der Betriebssicherheit und der Wirtschaftlichkeit von Bedeutung, sondern auch in manchen Fällen für einwandfreies Arbeiten einzelner Teile ausschlaggebend. In Tabelle 3 ist die Belastbarkeit der verschiedenen Kupferquerschnitte für isolierte Leitungen angegeben. Es ist dabei aber zu beachten, daß diese Werte nur im Hinblick darauf gelten, daß keine unzulässige Erwärmung der Leitungen auftritt. Bei langen Leitungen kann der Spannungsabfall, besonders im Augenblick des Einschaltens großer

Abb. 73. Druckknopf-
schalter in Einbauform.

Abb. 74. Endschalter.

Stromverbraucher, solche Werte annehmen, daß der schnelle Hochlauf von Motoren oder das einwandfreie Anziehen von Magnet- bzw. Schützspulen in Frage gestellt ist. Reichliche Leitungsquerschnitte sind auch dort ausssschlaggebend, wo Ausgleichsströme eine Rolle spielen, wie beispielsweise bei elektrischen Wellen. In Zweifelsfällen empfiehlt es sich daher, zunächst den Mindestquerschnitt festzustellen und dann durch eine Kontrollrechnung den tatsächlichen *Spannungsabfall* zu bestimmen. Als Anhalt kann dabei dienen, daß dieser in Lichtanlagen 4 %, in Kraftanlagen 6 % nicht überschreiten soll. Entsprechend Gl. (8) ist

$R = \varrho \dfrac{l}{q}$ und nach Gl. (9): $U = I \cdot R$. Daraus ergibt sich der Spannungsabfall e zu

$$e = I \varrho \frac{l}{q} \text{ in Volt,}$$

wobei I die Stromstärke in Ampere, ϱ den spezifischen Leitungswiderstand, q den Leitungsquerschnitt in mm^2 und l die Gesamtlänge (Hin- und Rückleitung) in m angibt.

Bei der Wahl des Leitungsmaterials kommt es darauf an, ob besondere Forderungen an den Isolationsschutz, die Ölfestigkeit, die mechanische Festigkeit gestellt werden, ferner, ob es für feste Verlegung oder als Verbindung zwischen Teilen, die gegeneinander beweglich sind, dienen soll. Hier kann bei nicht zu großen Längen ein bewegliches, biegsames Kabel verwendet werden. In den Fällen, in denen die

Gefahr von Beschädigungen besteht, zieht man die Kabel vorteilhafterweise in Metallschläuche.

Bei Dreh-, Bohr- oder Ziehbänken, Blechkantenhobelmaschinen u. dgl. ist mit beweglichen Kabeln keine befriedigende Lösung möglich. Man ordnet deshalb an deren Stelle Schleifleitungen an, die meist aus blanken Messingschienen bestehen und selbstverständlich gut gegen den Maschinenkörper isoliert sein müssen. Diese

Tabelle 3. Belastbarkeit für isolierte Leitungen mit Kupferleitern.
(VDE 0100/1944 § 20 Tafel I und V.)

| Nennquerschnitt | Dauerbetrieb [1] bei 25° Raumtemperatur [2] | | | |
| | 3 Leiter in Rohren oder Rohrdraht | | kabelähnliche Leitungen, Panzerader | |
mm²	Belastbarkeit A	zugeh. Schmelzsicherung A	Belastbarkeit A	zugeh. Schmelzsicherung A
1	12	6	16	10
1,5	16	10	20	15
2,5	21	15	27	20
4	27	20	36	25
6	35	25	47	35
10	65	50	65	50
16	88	60	87	60
25	110	80	115	80
35	140	100	143	100
50	—	—	178	125
70	—	—	220	160
95	—	—	265	200
120	—	—	310	225
150	—	—	355	260
185	—	—	405	300
240	—	—	480	350
300	—	—	555	430

[1] bei abweichender Betriebsart s. VDE 0100/1944 § 20 Abs. 2 und 3.   [2] bei abweichender Frequenz s. desgl. § 20 Tafel II.

Schleifleitungen müssen gegen nicht beabsichtigte Berührung abgedeckt sein, wobei die Abdeckung gleichzeitig das Eindringen von Spänen oder Spritzwasser verhindern soll.

28. Absicherung der Motoren. Die ideale Absicherung eines Motors ist dann gegeben, wenn er nicht nur für den Fall eines Kurzschlusses, sondern auch gegen Überlastung geschützt wird. Gleichzeitig darf aber die Sicherheitseinrichtung beim Auftreten des Einschaltstromstoßes nicht ansprechen. Gewöhnliche Stöpselsicherungen scheiden aus, da sie entweder beim Einschalten, besonders, wenn dies einige Male nacheinander geschieht, durchbrennen, oder aber größer gewählt werden müssen und dann für den Normalbetrieb zu reichlich sind. Durch Stöpselautomaten oder träge Sicherungen ist bis zu einem gewissen Grad ein Ausgleich möglich. Die beste Lösung ergibt die Verwendung der in Abschnitt 5, S. 13 bzw. S. 49 bereits erwähnten Motorschutzschalter. Die Ausführung mit Schnellauslösung bietet Schutz gegen Kurzschluß, während die Wärmeauslöser (Bimetallauslöser) bei andauernder schädlicher Überlastung ansprechen und den Schalter zum Abfallen bringen. Die elektromagnetischen Schnellauslöser werden bei Käfigläufermotoren auf den 7- bis 10fachen Nennstrom, bei Ds-Schleifringläufer- und Gleichstrommotoren auf den etwa 2,5- bis 4fachen eingestellt. Dadurch erreicht man bei letzteren, daß die Schalter abfallen, wenn infolge eines Bedienungsfehlers die Schleifringläufer mit kurzgeschlossenem Läufer oder die Gleichstrommotoren ohne vorgeschaltete Widerstände direkt eingeschaltet werden. Durch Unterspannungsauslöser kann zusätzlich ein Schutz erzielt werden, falls die Spannung zu stark absinkt oder ganz wegbleibt. Sie bringen den Schalter bei zu starkem Spannungsrückgang zum Abfall und verhindern bei Wiederkehren der Spannung einen unbeabsichtigten, erneuten Hochlauf.

Hat ein Motorschutzschalter nur Wärme-, dagegen keinen Schnellauslöser, wie dies bei kleinen Typen vorkommt, so sind zusätzlich Stöpselsicherungen gegen Kurzschluß erforderlich.

D. Betriebsstörungen.

29. Voraussetzung für einwandfreien Betrieb. Bevor eine elektrische Anlage in Betrieb genommen wird, muß es als eine Selbstvertändlichkeit gelten, daß zuerst an Hand des Schaltbildes alle Anschlüsse genau überprüft werden. Besonders wichtig ist, daß die Schaltung der einzelnen Teile der vorhandenen Netzspannung entspricht. Als nächstes ist es erforderlich, den einwandfreien Zustand der Lagerstellen, das leichte Spiel der sich drehenden oder sonstwie beweglichen Teile festzustellen. Hierher gehören auch zu straff gespannte Riemen, die sehr leicht zu Lagerdefekten und selbst elektrischen Störungen führen können. Bei der Feststellung der Anschlüsse genügt es nicht, sich damit zufrieden zu geben, daß ein Draht zur richtigen Klemme führt, die Verbindungsschraube muß auch fest angezogen sein, um keinen „Wackelkontakt" zu bekommen. Schließlich ist auch noch die einwandfreie *Erdung* von Motoren und Schaltgeräten einer Untersuchung zu unterziehen.

30. Störungen, ihre Ursache und Abhilfe. a) G l e i c h s t r o m m o t o r e n :

Art der Störung	Befund	Ursache	Abhilfe
Motor läuft leer nicht an	1. Ankerstrom vorhanden, Anker läßt sich von Hand andrehen, läuft belastet nicht weiter	kein oder zu schwaches Feld, weil: α) Zuleitung unterbrochen β) Anlasser falsch angeschlossen γ) falsche Polfolge	Unterbrechung beseitigen Schaltung an Hand des Schaltbildes richtigstellen Wie β) Folge: Nordpol-Südpol usw.
	2. Ankerstrom vorhanden, Anker läßt sich von Hand andrehen, läuft dann leer, läuft auch belastet, falls Anlasser in Endstellung	Anlasser falsch angeschlossen	Schaltung an Hand des Schaltbildes richtigstellen
	3. kein Ankerstrom bei eingeschaltetem Anlasser	α) Sicherung durchgeschmolzen β) Leitung vom Anlasser unterbrochen oder dieser falsch angeschlossen γ) Ankerwicklung an mehreren Stellen unterbrochen	Neue Sicherung einsetzen Auf Unterbrechung überprüfen bzw. Schaltung mit Schaltbild vergleichen in Reparatur geben

Art der Störung	Befund	Ursache	Abhilfe
	4. Anker- und Feldstrom vorhanden, A. läßt sich von Hand nur schwer oder ruckweise andrehen. A.-Wicklung wird sehr warm	Ankerspulen defekt oder in sich kurzgeschlossen	in Reparatur geben
Laufstörung im Betrieb	5. Motor läuft leer gut an, geht bei Belastung durch, Schaltung u. Polarität richtig	falsche Bürstenstellung, Bürsten stehen weit hinter der neutralen Stellung	Bürstenbrücke auf Marke stellen, ev. neutrale Zone überprüfen.
	6. Wie vor, jedoch M. pendelt bei Belastung u. bei Feldschwächung	α) Bürsten stehen etwas hinter d. Neutralen (Hauptfeld zu schwach)	Bürsten etwas vor die Neutrale stellen; falls gleichzeitig Bürstenfeuer, kann Luftabstand der Wendepole falsch sein, in Reparatur geben
		β) Kp.-Wicklung wirkt Nebenschlußwicklung entgegen	Kompoundwicklung umschalten
	7. Drehzahl bei normaler Spannung zu hoch	α) falsche Bürstenstellung	wie 5.
		β) versehentlich Widerstand vor Feld geschaltet	Widerstand entfernen oder verringern
		γ) falsche Schaltung der Feldspulen (Reihenfolge)	Feldspulen richtig schalten
	8. Drehzahl bei normaler Spannung und Stromaufnahme zu niedrig	zu hoher Erregerstrom	
		α) Feldspulen statt in Reihe ganz oder teilweise parallel	bei Zweifel Rückfrage bei Lieferfirma
		β) Justierwiderstand zu klein oder fehlt	Justierwiderstand einregeln oder bei Fehlen einbauen
	9. Drehzahl zu niedrig, trotz richtiger Spannung, hohe Erwärmung	Maschine überlastet, zu hoher Ankerstrom	Falls Überlastung nicht beseitigt werden kann, ist stärkerer Motor erforderlich, läuft ein normalbelasteter Motor zu langsam, ist der Justierwiderstand einzuregeln.
Hohe Erwärmung	10. Feldspulen erwärmen sich ungleichmäßig, Bürstenfeuer, es kann auch A. wärmer werden	eine oder mehrere Feldspulen ganz oder teilweise kurzgeschlossen	beschädigte Spule auswechseln

Art der Störung	Befund	Ursache	Abhilfe
	11. hohe Ankererwärmung bei unbelasteter Maschine, Bürsten eines Poles feuern stärker, als die eines anderen	Anker sitzt nicht zentrisch α) Lager ausgelaufen β) schlechte Montage γ) Bei mehrpoligem Anker mit Parallelwicklung oder wenn Ausgleichsleitungen vorhanden sind, kann sich der Anker auch bei normaler Drehzahl bei Fremderregung und abgehobenen Bürsten erwärmen. Ist der Abstand des Ankers von den einzelnen Polen sehr verschieden, so ergeben sich Spannungsunterschiede, die ihrerseits Ausgleichströme und damit eine zusätzliche Erwärmung zur Folge haben.	 Lager ausbessern Nachzentrieren
	12. Anker des fremderregten Generators wird nach Erregung sofort heiß, gibt zu wenig Spannung	Kurzschluß in einer oder mehreren Ankerspulen	in Reparatur geben
	13. Ankerwicklung wird sehr warm. A. und Feldstrom vorhanden A. läßt sich von Hand nur schwer oder ruckweise andrehen	A-Spulen defekt oder in sich geschlossen	in Reparatur geben
Bürstenfeuer	14. sonst keine besonderen Merkmale	α) falsche Bürstenstellung β) schlechter Zustand (verschmutzt, liegen nicht richtig auf) γ) Bürsten zu weich oder zu hart δ) Kollektor verschmutzt	richtig stellen in Ordnung bringen bei Lieferanten richtige Sorte feststellen säubern
	15. feuert erst von bestimmter Last an	Bürstenstellung	richtigstellen
	16. Bürsten unruhig, Kollektor oder einzelne Lamellen werden schwarz, Brandspuren	α) Kollektor unrund, hat sich verzogen β) einzelne Lamellen sind locker γ) bei Brandstellen steht oft Isolation vor	Nachziehen der Kollektorschrauben, nachdrehen, evtl. Reparatur in Reparatur geben abschmirgeln oder überdrehen, Isolation auskratzen,
	17. Schwarzwerden bestimmter Lamellen, Isolation dazw. beschädigt, ev. langgezogene, klatschende Funken nach Durchgang dieser Stellen unter den Bürsten	meistens Unterbrechung im Anker- oder in den Zuführungen zu diesen Lamellen	in Reparatur geben

Art der Störung	Befund	Ursache	Abhilfe
	18. Bürsten eines Poles feuern stärker als die eines anderen, gleichzeitig hohe Erwärmung des A. der unbelasteten Maschine	wie 11.	wie 11.
	19. Motor feuert bei Vollast stark, bei geringer Last wenig, Bürsten stehen richtig	falsche Polarität der Wendepole	Schaltung nachprüfen und richtigstellen
	20. starke Funkenbildung bei rascher Änderung der Motordrehrichtung	zu schnelle Umkehrung	falls dies betriebsmäßig nicht zu vermeiden, mit Lieferwerk in Verbindung setzen
	21. nur in einer Drehrichtung, bzw. in einer stärker	falsche Bürstenstellung	richtig einstellen, Motor muß dann bei gleicher Spannung bei beiden Drehrichtungen gleiche Drehzahl haben.

b) Drehstrommotoren:

Art der Störung	Befund	Ursache	Abhilfe
Motor läuft nicht an oder mit zu kleiner Drehzahl	22. in einer der drei Phasen des Ständers oder bei S-Läufern des Läufers kein Strom	Unterbrechung meist an einer Verbindungsstelle, im Läufer oft am Sternpunkt oder am Anlasser	Verbindung herstellen
	23. Motor brummt, läuft von Hand angetrieben in beiden Richtungen	Unterbrechung in einer Phase, meist Sicherung defekt	Sicherung auswechseln bzw. Unterbrechungsstelle feststellen
	24. Motor brummt u. zieht schlecht an. Läufer wird sehr heiß, erreicht oft nicht volle Drehzahl, auch Sternwicklung kann sich stärker erwärmen	schlechter Kontakt im Läuferstromkreis, bei Kz-Läufern können Verbindungsstellen zwischen Kz-Ringen und Kz-Stäben unterbrochen sein	Unterbrechungsstellen beseitigen, bei Kz-Läufern hartlöten oder in Reparatur geben
	25. Läuferstrom unterschiedlich, Ständerstrom pulsiert, Motor läuft mit großem Schlupf	schlechter Kontakt im Läuferkreis	Unterbrechungsstellen beseitigen
	26. Motor brummt, läuft mit halber Drehzahl, Wicklung erwärmt sich (Schleifringläufer)	Ausfall einer Läuferphase, Unterbrechung in der Wicklung, an den Schleifringen oder im Anlasser	bei Fehler im Innern in Repar. geben, Bürsten, Schleifringe oder Anlasser in Ordnung bringen

Art der Störung	Befund	Ursache	Abhilfe
	27. starke Erwärmung von Ständer und Läufer, großer Schlupf	α) Überlastung	falls Beseitigung der Ü. nicht möglich, größeren Motor
		β) Klemmenspannung zu niedrig	falls Ursache zu dünne Zuleitung, Querschnitt stärker, ev. größeren Motor
	28. Motor an sich in Ordnung, läuft aber belastet nicht hoch	Gegenmoment größer als Überschußmoment	größeren Motor oder Motor mit höheren Hochlaufmoment bzw. ohne Einsattlung
	29. Motor fällt bei Belastung stark in der Drehzahl ab	falls nicht überlastet, zu hoher Spann.-Abfall in der Zuleitung, ev. in Stern- statt in Dreieck geschaltet	Leitungsquerschnitt vergrößern Schaltung ändern
	30. bei normaler Belastung zu geringe Drehzahl, Drehzahlabfall zwisch. Leerlauf und Volllast zu groß (Schl.läufer)	Läuferwiderstand zu groß, entweder bei vorgeschaltetem Schlupfwiderstd. dieser zu groß, od. Leitung zw. Motor und Anlasser zu schwach, ev. Übergangswiderstand zwischen Bürsten und Schleifringen zu groß	Schlupfwiderstand richtig einstellen Leitungsquerschnitt vergrößern. Schleifringe bezw. Bürsten in Ordnung bringen
	31. Motor zieht bei Sterndreieck-Schaltung nicht durch, Phasen erwärmen sich unterschiedlich	Schaltung falsch	nach Schaltbild richtig stellen
Hohe Erwärmung	32. Starke Erwärmung von Ständer und Läufer, starker Schlupf	wie 27.	wie 27.
	33. starke Erwärmung des Ständers, hohe Stromaufnahme	falsche Schaltung, Dreieck statt Stern	Schaltung richtig stellen
	34. Läufer erhitzt sich stark, ev. auch Ständer, zu geringe Drehzahl, Motor brummt, Zugkraft ungenügend	wie 24.	wie 24.
	35. Motor wird sehr warm, brummt, läuft mit halber Drehzahl	wie 26.	wie 26.

Art der Störung	Befund	Ursache	Abhilfe
Bürstenfeuer	36. starkes Bürstenfeuer	α) Kohlen sind nicht genügend eingeschliffen, liegen nicht gleichmäßig auf	mit Schmirgelleinen einschleifen
		β) Kohlen u. Schleifringe verschmutzt	mit Benzin reinigen
		γ) Schleifringe sind unrund	abschleifen bzw. überdrehen
		δ) ungeeignetes Bürstenmaterial	Rückfrage bei Motorlieferant
Falsche Sp. u. Fr. bei Ind.-Umformer	37. Spannung und Frequenz stimmt nicht	Schaltung falsch	gemäß Schaltbild richtig stellen

c) Mechanische Fehler.

Art der Störung	Befund	Ursache	Abhilfe
	38. Lager werden heiß	α) bei gekuppelten Antrieben falsch ausgerichtet	neu ausrichten
		β) bei Riemenantrieb Riemen zu straff gespannt	Spannung ändern, falls Riemen zu stark gleitet, Riemenspannrolle, Übersetzung die nicht über 1:6 sein soll, überprüfen
		γ) Lager bei Ölschm. nicht oder mit ungeeignetem Öl geschmiert	Öl ablassen, mit Petroleum auswaschen, einwandfreies Schmieröl (Dynamoöl) einfüllen
		δ) Lager bei Fettschmierung zu stark geschmiert	überschüssiges Fett entfernen
	39. Motor läuft unruhig	α) umlaufende Teile ungenügend ausgewuchtet	nachprüfen, ev. Einzelteile neu auswuchten
		β) durch zu starke Riemenspannung wird Welle verbogen	Spannung verringern, s. auch 38 β
		γ) Windungsschluß in der Ständerwicklung	in Reparatur geben

d) Sicherungen brennen durch.

Art der Störung	Befund	Ursache	Abhilfe
	40. beim Einschalten	α) Schaltung falsch	gem. Schaltbild überprüfen
		β) stromführende Teile ber ühren sich ev. Isolationsfehler	Fehler beseitigen
		γ) Fehler im Motorinneren	in Reparatur geben
		δ) Motor nimmt zu lange hohen Strom auf, Überlastung oder zu schwere Anlaufbedingung	größeren Motor oder einen mit günstigerer Hochlaufcharakteristik
	41. im Betrieb	falls Überlastung ausscheidet, wie 40 β oder γ	gemäß Pos. 40 verfahren

Allgemein ist zu sagen, daß von einem *Überschleifen des Läufers eines Käfigläufermotors* dringend abzuraten ist, da hierdurch die Motordaten nachteilig beeinflußt werden können. Auf keinen Fall soll dies vor Rückfrage beim Motorlieferanten geschehen. Treten Unregelmäßigkeiten während des Anlassens auf, so liegt die Schuld meist an Fehlern im Anlasser oder in falschen Anschlüssen.

Zum Löschen von Bränden in elektrischen Anlagen, gleichgültig ob es sich um Motoren, Schaltgeräte oder Leitungen handelt, darf unter keinen Umständen Wasser verwendet werden, da dieses leitend ist. Es sollen nur kohlensäurehaltige Feuerlöscher, die Schnee oder Schaum erzeugen oder solche mit beispielsweise Tetrachlorkohlenstoff Verwendung finden.

Einteilung der bisher erschienenen Hefte nach Fachgebieten (Fortsetzung)

II. Spangebende Formung (Fortsetzung)

                                                Heft

Außenräumen. Von A. Schatz … 80
Das Schleifen und Polieren der Metalle. 4. Aufl. Von O. Werkmeister … 5
Spitzenloses Schleifen. Von W. Hofmann … 97
Läppen. Von H. H. Finkelnburg … 105
Werkzeugschleifen. Von A. Rottler … 94
Feilen. Von B. Buxbaum … 46
Das Sägen der Metalle. 2. Aufl. Von J. Hollaender … 40
Die Fräser. 4. Aufl. Von E. Brödner … 22
Das Fräsen. 2. Aufl. Von Dipl.-Ing. H. H. Klein … 88
Die wirtschaftliche Verwendung von Einspindelautomaten. 2. Aufl. Von H. H. Finkelnburg … 81
Die wirtschaftliche Verwendung von Mehrspindelautomaten. 2. Aufl. Von H. Finkelnburg … 71
Werkzeugeinrichtungen auf Einspindelautomaten. Von F. Petzoldt … 83
Werkzeugeinrichtungen auf Mehrspindelautomaten. Von F. Petzoldt (Im Druck) … 95
Maschinen und Werkzeuge für die spangebende Holzbearbeitung. 2. Aufl. Von H. Wichmann … 78

III. Spanlose Formung

Freiformschmiede I (Grundlagen, Werkstoff der Schmiede, Technologie des Schmiedens). 3. Aufl. Von F. W. Duesing und A. Stodt … 11
Freiformschmiede II. Konstruktion und Ausführung von Schmiedestücken (Schmiedebeispiele). 3. Aufl. Von A. Stodt … 12
Freiformschmiede III (Einrichtung und Werkzeuge der Schmiede). Von A. Stodt … 56
Gesenkschmieden von Stahl I (Gestaltung von Schmiedestücken und Schmiedewerkzeugen). 3. Aufl. Von H. Kaessberg … 31
Gesenkschmieden von Stahl II (Herstellung und Behandlung der Werkzeuge). 2. Aufl. Von H. Kaessberg … 58
Das Pressen der Metalle. Von A. Peter … 41
Die Herstellung roher Schrauben I (Anstauchen der Köpfe). Von J. Berger … 39
Stanztechnik I (Schnittechnik). 2. Aufl. Von E. Krabbe … 44
Stanztechnik II (Die Bauteile des Schnittes). 2. Aufl. Von E. Krabbe … 57
Stanztechnik III (Grundsätze für den Aufbau von Schnittwerkzeugen). Von E. Krabbe … 59
Stanztechnik IV (Formstanzen). 2. Aufl. Von W. Sellin … 60
Die Ziehtechnik in der Blechbearbeitung. 4. Aufl. Von W. Sellin (Im Druck) … 25
Hydraulische Preßanlagen für die Kunstharzverarbeitung. 2. Aufl. Von H. Lindner … 82

IV. Schweißen, Löten, Gießreei

Die neueren Schweißverfahren. 7. Aufl. Von P. Schimpke … 13
Das Lichtbogenschweißen. 4. Aufl. Von E. Klosse … 43
Praktische Regeln für den Elektroschweißer. 3. Aufl. Von R. Hesse … 74
Widerstandsschweißen. 2. Aufl. Von W. Fahrenbach … 73
Das Schweißen der Leichtmetalle. 2. Aufl. Von Th. Ricken … 85
Schweißtechnische Berechnungen. Von E. Klosse … 102
Das Löten. 3. Aufl. Von W. Burstyn … 28
Fachkunde für den Modellbau. 2. Aufl. Von E. Kadlec … 72
Der Holzmodellbau I (Allgemeines, einfachere Modelle). 3. Aufl. Von R. Löwer … 14
Der Holzmodellbau II (Beispiele von Modellen und Schablonen zum Formen). 3. Aufl. Von R. Löwer … 17
Modell- und Modellplattenherstellung für die Maschinenformerei. Von Fr. und Fe. Brobeck … 37
Der Gießerei-Schachtofen im Aufbau und Betrieb. 4. Aufl. Von „Kupolofen-Betrieb". Von Joh. Mehrtens … 10
Handformerei. 2. Aufl. Von F. Naumann … 70
Maschinenformerei. Von U. Lohse †. 2. Aufl. Von H. Allendorf … 66
Formsandaufbereitung und Gußputzerei. Von U. Lohse … 68

(Fortsetzung 4. Umschlagseite)